LANDSCAPE AND GARDEN DESIGN FREEHAND SKETCHING

园林景观设计手绘表达与快题基础

宋威 / 编著

机械工业出版社
CHINA MACHINE PRESS

本书通过系统的设计思考，深度解析快题设计三大方面的内容：方案设计、设计表达与设计表现。通过基础知识点拨、设计逻辑思路引导、设计步骤解析以及真题作品讲解点评辅助考生掌握考试精髓，进阶提高。本书分为 8 章，第 1 章为园林景观设计手绘表达基础，第 2 章为园林景观设计配景手绘表达，第 3 章为园林景观设计草图手绘表达，第 4 章为园林景观设计线稿手绘表达，第 5 章为园林景观节点空间设计手绘表达，第 6 章为城市建筑景观速写手绘，第 7 章为园林景观快题设计手绘基础，第 8 章为园林景观快题手绘步骤方法与范例评析。本书可供园林景观设计快题手绘考试考生、爱好者、相关培训师生使用。

图书在版编目（CIP）数据

园林景观设计手绘表达与快题基础 / 宋威编著. — 北京：机械工业出版社，2022.6（2024.10 重印）
ISBN 978-7-111-70808-7

Ⅰ. ①园… Ⅱ. ①宋… Ⅲ. ①园林设计—景观设计—绘画技法
Ⅳ. ① TU986.2

中国版本图书馆 CIP 数据核字（2022）第 081768 号

机械工业出版社（北京市百万庄大街 22 号邮政编码 100037）
策划编辑：何文军　责任编辑：何文军
责任校对：刘时光　封面设计：张　静
责任印制：邰　敏
中煤（北京）印务有限公司印刷
2024 年 10 月第 1 版第 3 次印刷
215mm × 225mm · 12 印张 · 354 千字
标准书号：ISBN 978-7-111-70808-7
定价：99.00 元

电话服务　　　　　　网络服务
客服电话：010-88361066　机　工　官　网：www.cmpbook.com
　　　　　010-88379833　机　工　官　博：weibo.com/cmp1952
　　　　　010-68326294　金　书　网：www.golden-book.com
封底无防伪标均为盗版　机工教育服务网：www.cmpedu.com

序 言

　　设计一词对于普通大众已经变得不那么陌生了，这是一个设计的时代。而整体对设计 (Design) 相关联的诸多知识系统、认知范畴以及应用深度的了解仍显得距离遥远。已经或者未来将要从事设计的人们也一直面临科技迭代和知识完善的自我更新状况，现实需求和理想期待都是如此。

　　设计思维、设计手段、设计表达、设计实践、设计成果和设计评价，构成了设计教育和设计应用影响人类生活方式重要的内容。其中，设计思维（Design Thinking）的培养形成，在互联网背景与人工智能袭来的当下，则需要进行系统的重新建构，包括如何重新认识人文艺术的植入路径和精神的表达。

　　斯坦福大学著名的"D. School"（斯坦福设计学院），将设计思维分成 5 大步骤，即：共情、定义、创意、制作、测试，每一步骤的所含内容和分层也较为复杂，逻辑严密，形成一套完整的理论体系。这套"设计思维与手绘表达系列图书"将设计思维的理念建构与执行手段融合，涵盖了环境设计的主要学科，拓展了设计思维的理论框架和实施途径。

　　虽然摄影技术、计算机、互联网、AR、3D 打印技术在设计领域的应用已十分广泛，但是设计思维处于整个设计流程的"前置"状态，决定着"后置"的所有环节。现实是，在设计创意和方案形成的早期阶段，如果对于计算机过度依赖，会让设计者逐渐放弃自主性，丧失观察物象世界的敏锐性和快速捕捉能力，譬如形象和形态、尺度和材质、色彩与质地、文脉与肌理关系等。手绘所具有的第一反应和非理性表达，与人类的本真诉求更为接近，它强化了人脑思维和行为动作的良性协调。通过手脑高度一致的表达推演，拆解和验证设计思维的每个步骤，可以极其有效地完善和丰富设计，同时也提升了设计师的"自信塑造"和"能量聚集"。

　　另外，回顾绘画艺术的发展，从古典绘画、宗教艺术、文艺复兴绘画到近现代艺术，手绘表达占据着绝对重要的地位，东西方绘画均是如此。手绘所具有的唯一性和不可重复性，以及情绪化的呈现形式、时空的自由对接、语言的个性化选择等优势，都展现得淋漓尽致。作为具有鲜明特性的设计表达手绘，在满足功能性诉求的同时，已经成为独立的艺术形式和审美对象，手绘的多重角色可见一斑。

　　本书的作者宋威拥有从大学本科、硕士研究生到博士研究生这样完整的学习经历，有着室内、建筑、展示和视觉传达等丰富的设计经验，学术视野开阔。在大学一年级就显现出优秀的手绘表达能力，为他以后的学习工作奠定了坚实的基础，这些年来设计生涯从未间断，成果丰硕。这样的系列图书出版，值得祝贺！

陈六汀

北京服装学院艺术设计学院 教授 博士

2021 年夏日于北京

RECOMMENDATION
推荐语

园林景观手绘是连接空间设计与个人思考的重要媒介。设计之初，对于场地的理解与思考凝聚于手绘画面之中，是对现场问题的捕捉与剖析。随着设计的深入，手绘是对于空间的精准刻画，是对于设计思考的沉淀。它是我们每一个人独特的景观语言。当我们面对快题考试时，要根据考查的内容进行相应的调整与平衡。在保留个人特点的同时，做到针对题目的深度剖析，将设计思想、设计理念、设计规范、图面效果和个人风格进行综合的表达，在考场中做到解决考试问题与表达个人设计特点的契合。该书不仅仅系统化地总结了景观园林设计所需的考试知识，同时以真题为出发点准确剖析对应院校的考试方向与内容，能够帮助同学们快速进入手绘设计的学习状态。

——赵育阳 / 中央美术学院建筑学院研究生

我认为设计手绘是一种快速表达个人设计思维的方式。设计之初徒手勾勒草图常常能给创作带来灵感。同时，设计手绘的延展性很强，无论是草图勾勒还是细节刻画表现力都极强。就考研设计快题而言，我认为手绘风格固然重要，但更重要的还在于个人设计思想、设计理念、设计规范、画面效果和个人特色的综合表达。该书很好地归纳和总结了手绘设计的各要素，能够帮助读者快速理解和学习设计手绘。

——苏春婷 / 中央美术学院建筑学院研究生

对于设计师而言，手绘不是以画得漂亮为目的，而是通过手绘感知和理解外部世界。正如语言作为思维的工具会影响一个人的思考方式一样，手绘作为设计思考的工具，对于思维的传递也会产生深远的影响。在景观快题中，关注点会更多，包括设计方案好坏，以及景观构筑物形态、植物形态、色彩、透视、明暗、虚实、光影、材质肌理等一系列要素。该书由浅入深，系统阐述了景观园林设计手绘与快题表达的诸多要素，可以带领读者进入景观设计世界里，值得仔细体会品味。

——高智勇 / 中央美术学院建筑学院研究生

求学阶段，手绘是重要的设计学基础技能；工作时期，手绘贯穿整个建设周期。在概念规划前期，手绘将创意灵感快速转化为视觉效果；在方案交流推敲中，手绘比口头阐述更加形象，较计算机建模更加快捷；在施工图阶段，良好的手绘能力可以极强地提高与各专业人员的沟通效率。该书全面、系统、实际地研究了设计学科的手绘方式方法，适合高校教师、设计师、在校学生使用。

——王华石／中央美术学院建筑学院研究生

手绘是设计方案展示与交流的重要手段，其表现形式与呈现效果不仅能够直接反映出创作者的专业能力，亦可检验出其设计思维是否具有独创性。该书立足于当代设计前沿，结合长期的专业考研辅导教学经验，从教与学的角度，注重手绘设计的实践与应用性，通过系统科学的设计过程引导，激发设计思维发散，提供高效的训练思路，让读者在较短的时间内提高方案创造力与效果表现力。

——杨莹／中央美术学院建筑学院研究生

对于园林景观设计者，设计手绘和软件都是必要的专业技术基础和交流语言。不同于软件模型的建立和推敲，设计手绘更具呈现的高效性、思维的发散性以及逻辑的连贯性。手绘是设计灵感的快速捕捉，是方案推敲与思考，是快速呈现的有力工具。一份好的设计手绘不仅能清晰地展现设计者独具风格的创意方案，亦能反映其艺术修养、知识积累以及灵活的创造思维。对于设计专业的学生，设计手绘有着不可替代的作用。该书系统地归纳了景观设计手绘的重点要素，并针对快题设计需求做出详细解答。通过对该书进行学习，我们能有效利用手绘语言对作品进行更为快速、高效和准确的设计理念表达，提升景观快题设计的设计思路和呈现效果，达到人与作品的有效对话。

——张颖婷／中央美术学院建筑学院研究生

考研手绘快题一直是考研中很重要的一环，如何在短时间内准确把握设计要求并表现自己的想法，是对每个好设计师的基本要求。快题里包括平面图、剖面图、立面图、效果图、分析图等，其中每张图注重的东西不同，比如构图、透视、明暗、色彩、元素、尺度、标注，小的细节构成大的整体。多练习也是学习手绘的重要方法，对线条的掌握，学习前期完全可以多临摹和多看优秀作品并且与自己的作品多对比。该书案例丰富，推荐给大家！

——李香漫／中央美术学院建筑学院研究生

手绘在景观设计时是不可缺少的环节，提高手绘能力对设计前期的工作大有帮助，也是评价景观设计师综合水平的重要因素。设计公司在选择人才时，都会把手绘作为重要的考核依据。研究生考试中，手绘更是必不可少的重要考试环节，很多人由于方法不当，苦练手绘却得不到好的效果。该书系统地阐述了练习手绘的方法与技巧，并且提供了众多可供参考的优秀案例，是学习景观园林设计手绘与快题基础的"制胜法宝"。

——刘静／中央美术学院建筑学院研究生

手绘与计算机制图最不同的一点在于表达者可以沉醉于指尖不停变换的节奏与力度中。对每一根线条的精确表达，让画面成为有呼吸的作品。也许今天大家会忽视手绘表达，认为软件更具有表现力。其实回望整个建筑史，那些极具感染力的纸上建筑，都是以手绘作为表现手段的。而这些感染力的背后是手绘表现与设计思想的综合。该书不仅能够帮助读者快速理解和学习手绘，而且提炼了常见的现代主义设计思想，等读者学习之后会发现，原来已是"轻舟已过万重山"。

——王雅诗／中央美术学院建筑学院研究生

PREFACE

▌前 言

设计手绘不是耍花枪，是设计过程中思维活动的真实记录，更是一种自然而然养成的习惯。

这本书是讲设计手绘的，之所以在手绘前面加上"设计"这个限定词，是想要区别于目前比较流行的表现类手绘，或者称之为技法类手绘，因此这本书不是对手绘表现技法的描述，而是致力于对手绘认识观念的转变以及手绘学习过程中常见问题的讲解。对于一个初学者，缺乏阅历和判断力是很正常的，我也是从这个时期过来的，判断画面的好坏的标准仅仅是"像不像""用笔帅不帅气""刻画得是否深入具体"。这些表面的因素也是最能吸引住初学者眼球的，因此也导致初学者盲目地崇拜和跟随。

手绘的爱好者、初学者们，有没有问过自己这样的问题："什么样的手绘是好的手绘？""手绘的目的是什么？""手绘就是为了画好效果图吗？"当你的大脑里没有带着这些疑问去学习手绘时，只是凭借着手来画，你的手绘学习将是被动和消极的，或者不夸张地说是稀里糊涂的。几年来，我教过很多学习手绘的学生，绝大多数是本专业、具备一定的专业基础，也有的是跨专业的，几乎是零基础学习手绘。当我问到

他们为什么学习手绘时，得到的答案几乎都是为了升学、考研、出国，或者是为了工作上的需求。几乎没有是因为喜欢、爱好而主动学习手绘的。我觉得这暴露出很大的问题，也是画不好手绘的根源所在。为了某种目的的被动式学习的效果必然不会理想。不是要求所有学手绘的都要喜欢它，但发自内心的喜欢将是你学习手绘过程中源源不断的动力。

在准备学习手绘之前，请问自己几个问题：

1. 你真心喜欢手绘吗？

如果说有某种因素可以让你在手绘的道路上走得更好、更远，在我看来，这种因素一定是发自内心的对于手绘的热爱，甚至是痴狂。俗话说，兴趣是最好的老师，在兴趣的带动下，你会拥有巨大的学习热情和不竭的动力，会使你在学习手绘的过程中孜孜不倦，持之以恒。可能有人会觉得说得有些夸张，手绘不就是学校开的那门不得不修的课程吗？手绘不就是考研必考的专业课吗？手绘不就是工作中需要用到的一项技能吗？答案是肯定的，但只适用于那些对于手绘有着更高追求的手绘爱好者，而对于只是追求急功近利和消极被动的那些初学者来说，可能最初是没有必要的。我想大多数手绘学生都属于第二种人，这也正是学习手绘的人有很多，但真正画得好的却不多的根本原因，而这部分人或许没有跟任何老师学过，也没有参加过任何形式的培训。他的"老师"就是那份自己对于手绘的兴

趣和热爱。

可能在开篇说这些，对于一个手绘的初学者来说，没有必要，但当有一天你的手绘能力得到了很大的提高时，或者遇到了瓶颈时，希望你能想起我说过的这些。也更希望绝大多数的手绘初学者能够建立起对于手绘的热爱和兴趣，并在学习的过程中，能够带着这些话去思考，去学习，这样你才能在手绘的道路上越走越好，越走越远。

2. 你有正确的学习方向吗?

保证正确的方向是学习手绘的关键。方向错了，即使努力得再多，也是徒劳。在今天我们可以很方便地通过网络浏览到各种手绘资料，而这些手绘资料良莠不齐，甚至鱼龙混杂。不同风格的作品随处可见，无论是从书店还是网络，或者从其他人那都可以很方便地获得大量的手绘资料，我相信每一位手绘初学者的计算机里都会有几千张甚至上万张手绘资料，这些资料更多时候是安静地放在那里，很少有人去翻看，更不必说会有人去认真地品评、分析这些作品。很多人都有这样的问题，热衷于去找这些资料，但当他们得到了这些资料后却很少再去翻看研究，只是放在硬盘中珍藏存储起来。面对这些资料，我们应该去伪存真，进行判断和做出取舍，选择正确并且适合自己风格的作品，通过临摹学习和借鉴来吸收这些资料中的养分，并转化为自己的东西。

学习手绘的目的不是为了表面的表现技法，而是为了更好地应用这一技能为设计本身服务。设计是创造性的过程，手绘是以图示形式表现头脑中的思维过程。当看到各种手绘资料时，不能仅仅停留在表面表现技法上的学习研究，更要通过画面看到设计的思路和方法，深入分析表达的方法和达到的良好效果。

因此，对于手绘爱好者，尤其是初学者来说，在学习的过程中，要接受正规、正确的训练和指导，把握正确的方向，养成良好的习惯，掌握正确的方法，避免在学习手绘的道路上走弯路。

3. 你学习手绘的方法正确吗?

在这个信息蜂拥的时代，我们可以从网络、书店或者培训机构等途径获得大量的手绘学习资料，但正是因为这些不计其数的学习资料中包含了大量的手绘学习方法和表现风格，很容易使初学者眼花缭乱，无从下手。因此在学习手绘的过程中寻找适合自己的风格和方法，不要被良莠不齐的手绘学习资料所迷惑而失去判断。

从我自身的学习经历来看，一般手绘学习的过程应该是：理论学习—临摹—写生—设计实践，如此往复。一般认为临摹是学习手绘的第一步，但在我看来，没有目的和方法的临摹是错误的，在临摹之前应该进行系统的手绘理论学习，如透视原理、制图基础、色彩基础等。所谓理论指导实践是很有道理的，大脑里如果没有理论依据的支撑，就会盲目，甚至是在稀里糊涂地临摹，并不知道画的道理和原因，只是靠临摹的数量来积累经验，以此提高手绘能力，这样的手绘学习方法效率是很低的。

4. 冰冻三尺非一日之寒，水滴石穿非一日之功

你能做到持之以恒吗? 天道酬勤，贵在坚持。当你在学习手绘的过程中，有了正确的方向和目标后，那么剩下需要你做的就只有两件事：持之以恒地坚持和不断地提高眼界。手绘的学习是一个漫长的过程，是一个在原有基础上不断超越的过程，这个过程是简单而重复的。简单重复意味着只要保证方向和方法上的正确，接下来就是不懈地坚持和重复这个过程，这里我所说的重复和坚持，意思不是说要靠数量上的积累，数量上的积累固然重要，量的变化必然引起质变。但更希望把这种重复和坚持的过程放在每日的手绘学习上，就像吃饭和睡觉一样，每天画几张手绘，把这种行为养成一种习惯。建议每天一两张小画，而不是一天时间内突击画大量的手绘，我认为这样做可以保持新鲜感，有充分的时间去思考，并且不至于产生压力和厌倦感，让手绘变成一种自发的爱好，而不是把它当作一种作业或者负担。当你每天都花费一点时间去重复这个过程，当你有一天会因为没有画手绘而感觉不自在或者缺少点什么的时候，恭喜你，你距离手绘成功就越来越近了。学习手绘最美的音符就是每天听到笔尖在纸上划过的声音，最令人难忘的气味就是马克笔挥发出来的味道。这种"坚持"看似简单，但能够做到的人并不多，当你每天都能主动地拿起笔，在纸上画出一根线条，一个简单的形体，你都是在进步的。学习手绘犹如逆水行舟，不进则退。因此，在当你每天都拿起笔的那一刻，希望你能和昨天去比较，并带着思考和对问题的分析，去开始新一天的手绘之旅。

不止如此。

宋 威
清华大学美术学院

■目录 CONTENTS

第1章

园林景观设计手绘表达基础

第2章

园林景观设计配景手绘表达

第1章

园林景观设计手绘表达基础

园林景观设计手绘快速表达是指在比较短的时间内用专业的图示和文字的形式来表达园林景观设计方案的设计思维过程以及对预期效果表达的一种手绘形式。园林景观设计手绘根据不同的功能和用途可以分为记录性的速写、设计构思草图和手绘效果图三种，优秀的园林景观设计手绘是表达设计师的构思和想法、体现设计师的表现手段和表现设计的真实效果的有效途径和重要"视觉语言"，优秀的园林景观手绘作品更是设计师基本素养和艺术修养的直接体现。

园林景观设计手绘的学习是一个系统且长期的过程，能够通过设计手绘与他人进行有效沟通，能够很好地表达自己的设计意图和预期效果，绝不是一朝一夕之事。不仅需要掌握正确的设计思维方式，更需要从手绘的基础开始练习，如工具的选择、线条的表达、透视基础、构图基础、画面的素描关系、空间体积关系和色彩关系等方面进行专项、系统学习。

本章作为开篇，将重点讲解园林景观设计手绘表达的基础知识，为读者打下设计思维与手绘表达的基础。

1.1
园林景观设计
手绘的内涵和意义

手绘是设计师一门必要的基本功，是设计师表达设计思想，与他人沟通的最有效和最直接的途径。手绘是眼睛、大脑和手相互作用产生的，通过眼睛看到的事物传送给大脑，大脑再将得到的信息通过手和笔呈现在纸上。这一连贯的动作都是最终通过这种直接的视觉语言来跃然纸上，好的设计手绘是设计师素养的体现，如图1-1~图1-3所示。

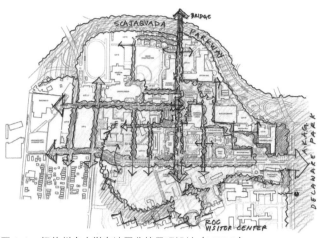

图 1-1　纽约州立大学布法罗分校景观设计（MNLA）

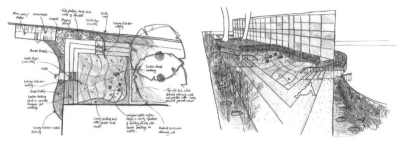

图 1-2　博斯费尔德（Bousfield）小学景观设计（TIM WILSOM）

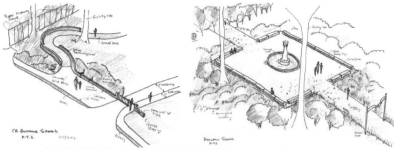

图 1-3　奥斯特湾的西奥多·罗斯福保护区景观设计（MNLA）

表达设计师的构思和想法：在设计的过程中，灵感会随时迸发出来，这时手绘就是记录灵感的最有效的方式之一。在设计的开始阶段，会产生很多想法，这些想法可能会零零散散，或者相互之间没有关系，把这些想法记录下来，为后期提供素材，并在这个基础上进行深化设计。如图 1-1 所示是纽约州立大学布法罗分校景观规划的总平面图设计手绘，简练概括的线条和符号表达了 MNLA 的设计构思和想法。

体现设计师的表现手段：设计的最终表达方式有很多种，如手绘效果图、渲染效果图、动画、模型等。在当代很多设计效果的最终表达都是通过计算机来完成，但计算机出来的东西冷漠，容易千篇一律，缺乏个性和品位。这时手绘表达就是体现设计师的品位和个性的一个重要手段。如图 1-2 所示是博斯费尔德（Bousfield）小学景观设计手稿，具有很高的艺术价值。

表现设计的真实效果：手绘效果图是一种常用的设计成果表现方式，能够很好地展示设计效果，且具有较高的艺术水准。为了让客户很好地了解设计成果，往往这种表现图绘制得比较深入。表现设计真实效果的效果图不仅仅要考虑透视、光影、颜色等一些基本的问题，还要体现出不同物体材质的质感，以及特殊场景的氛围等，这就要求设计师有一个比较深厚的手绘功底。如图 1-3 所示是奥斯特湾的西奥多·罗斯福保护区景观设计效果图草图手绘，在表达设计成果的时候就采用手绘的形式，很好地表现了设计成果的真实效果和设计者的设计意图。

1.2

园林景观设计
手绘的类别和内容

手绘的种类是多种多样，形式各异的。不同用途的手绘的表达形式不尽相同。有的手绘简练概括，能够抽象地表达出设计者的设计想法。有的则粗犷奔放而帅气，也不乏精细入微、刻画深入的。无论是哪一种手绘，都是建立在对手绘基本特征的深入了解的基础之上的。不存在于谁好谁坏，关键要看是处于什么阶段和使用目的。

记录性速写：在当今社会的数字化、信息化为人们带来了生活的便捷和工作的高效率，但同时也带来了思维方式的单一化与雷同化，过分地依赖计算机等数字化手段，人的直觉变得迟钝，动手能力变差。记录性的手绘是一种很好记录手段和收集素材的方式，更是一种锻炼眼睛、大脑和手之间协调能力的重要途径。手绘作为一种图形语言，很多时候源于生活中的一些随笔，看见有意思的或能够激发灵感的事物，就很随意地勾几笔，用概括的线条和简单的颜色，快速记录下来，这样就能够在脑海里形成一个深刻的印象。长时间的日积月累，就能在大脑里形成一个丰富的资料库。养成随手勾画的习惯，对于设计素养的提高会有很大的帮助。如图1-4所示，是一组国外艺术家的城市建筑速写，画面中简洁且有韵味的线条，淡淡的一层颜色便记录了作者当时所看到场景，画面线条和黑白灰关系、色彩关系体现了作者良好的手绘功底。记录性的建筑速写、每一次写生，都是一个观察、理解和描述的过程。画的不是客观事物本身，而更多是写生者所关注的东西。

图1-4　城市建筑水彩（Tomas Pajdlhauser）

设计构思草图：在设计的开始阶段，设计
都是从无到有，从简单抽象的概念或者从元素
到复杂的设计，设计的过程中大脑常常会迸发
出一些视觉数据，这时就可以用草图的形式来
记录设计师对视觉数据进行初始化分析与重组
的过程。在设计的初级阶段，最初的设计意向
是模糊不确定的。设计草图就可以把这些零碎、
抽象的意向通过图形记录下来。通过对草图的
一遍一遍推敲，方案最终才确定下来，并且在
反复的构思草图的过程中往往会有一些意想不
到的收获。如图 1-5 所示的景观设计项目草图
手绘是设计过程探讨、推敲、交流和表达的重
要手段。

手绘效果图：设计的最后阶段一般会需要
正式的效果图来表达设计的效果，这种手绘效
果图需要透视准确，比例严谨，材质表达明确，
有些时候还会借助尺规等工具。适当的使用尺
规可以提高作图的效率并且可以使画面的透视
和比例更加准确。这种手绘效果图能够比较真
实地表现出环境和氛围。但也对作者提出更高
的要求：透视准确、比例合理、结构清晰、关
系明确、层次分明、环境渲染充分、生动灵活
等。这都要求作者有一个很好地把握画面的能
力，有一个良好的全局掌控意识。如图 1-6 所
示是青岛产业园景观设计项目的设计手绘表达，
不仅要正确地画出建筑的透视和比例关系，还
要表达出建筑和周围环境之间的关系。

图 1-5 景观设计草图手绘 张唐景观

图 1-6 青岛产业园景观设计 张唐景观

1.3
园林景观设计
手绘的工具

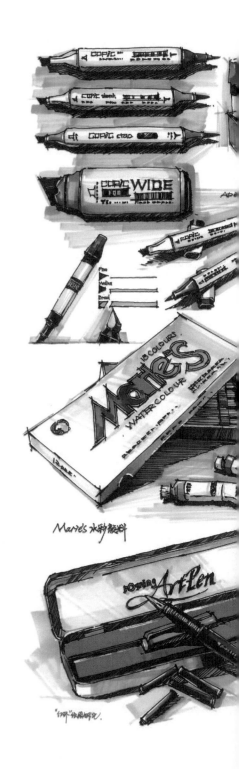

签字笔：签字笔种类较多，书写流利，价格便宜，适合初学者练习使用。但用笔过快会出现断笔和不流畅的情况，影响线条的流畅度。

钢笔：视笔头的不同可以分为普通钢笔和美工钢笔两种。美工钢笔就是弯头钢笔，用笔的力度和角度不同，能够画出粗细变化丰富且富有肌理的线条，多用于写生类的手绘。强烈推荐初学者使用普通钢笔来画手绘，画出来的线条肯定、流畅，挺拔有张力。能够很好地表现出手绘线条独有的魅力。使用钢笔练习手绘时要注意钢笔的笔迹干得比较慢，要注意不要刮蹭墨痕，影响画面效果。

水彩：水彩是用水作为调和剂来调和颜色，是水和色彩的融合。通过水的多少来控制颜色浓淡，画出来的颜色清淡高雅，透明会呼吸。水彩对纸张、用笔的要求比较高，一般会使用专业的水彩纸和水彩笔。掌握水彩画的技法不是一件简单的事情，需要长期的积累和实践，画好水彩画更是一种艺术修养和能力的体现。

针管笔：针管笔根据笔头的粗细可以分为很多型号。常用有 0.1、0.3、0.5 等。初学者推荐购买 0.5 的，太细的笔头容易堵笔。

马克笔：马克笔是快题手绘，尤其是考研手绘最主要的工具，也是最快捷的工具。效果强烈，表现力强，很适合徒手表现。马克笔主要可以分为酒精、油性和水性三种。油性和水性马克笔现在一般用得比较少。目前市场上主流的马克笔都是酒精马克笔，笔迹干得比较快，耐水，颜色自然柔和，可以相互叠加，表现力很强。

速写本：速写本是日常收集整理素材和记录灵感的重要工具。速写本的种类较多，可以根据自己的需要选择不同的纸张和大小，建议速写本不宜过大，便于携带。

高光笔：高光笔是表现质感和在画面的最后使用，使画面更加精致，丰富画面的层次，起到画龙点睛的作用。但要注意不能到处使用，要避免画面破碎和凌乱。

园林景观设计手绘常用工具如图1-7所示。

图 1-7　园林景观设计手绘常用工具

1.4

园林景观设计
手绘的线条

对于一张优秀的景观手绘作品，如果说好的线稿是上颜色的基础，那么线条则是基础中的基础。线条是手绘的灵魂，线条的好坏直接关系到最终手绘的成败。因此，对于线条的练习是必不可少的，线条的练习不是一朝一夕，而是需要长时间的坚持，不同的阶段对于手绘的认识会逐渐提高，对于线条的理解也会加深。

尝试用不同工具画出不同质感的线条，如图 1-8 所示。线条的疏密练习如图 1-9、图 1-10 所示。

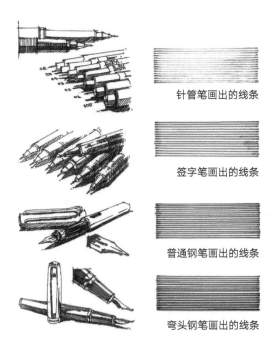

针管笔画出的线条

签字笔画出的线条

普通钢笔画出的线条

弯头钢笔画出的线条

图 1-8 不同工具画出的不同质感的线条

线条的重要性：如果说手绘是设计师的独特语言，那么线条是构成这门语言的必要词汇。可以毫不夸张地说，能不能画好手绘，从一根线条就可以看出来。线条的练习要讲究肯定不犹豫，速度要快，要有起笔、运笔和收笔的过程，徒手画直线时，用笔与书法写汉字"一"是一个方法。

图 1-9 线条的疏密练习（一）

图 1-10　线条的疏密练习（二）

线条疏密的练习：练习线条要注意疏密，线条疏密的组织影响着画面"黑白灰"，一个好的线稿会给上颜色带来很多方便。主观做到"密不透风，疏可走马"，形成大疏和大密。如图 1-9、图 1-10 所示，是线条的疏密组合练习，通过不同方向、不同密度的线条组合练习来形成画面的黑白灰。线条疏密的练习对于后面手绘的学习很重要，要学会主观处理画面的疏密。

1.5

园林景观设计
手绘的透视基础

在二维的画面中表现三维立体空间感，需要了解基本的透视规律来正确地表达事物。透视对于手绘的学习至关重要，优秀的手绘，无论颜色多么漂亮，线条多么流畅，细节表现得多么的精彩，但如果在透视方面出现错误，那也是致命的硬伤。透视解决的是对与不对的问题，而其他只是关系到美与不美的问题。因此，透视是手绘练习的重点，不仅仅要了解透视原理，更要会用透视原理。

透视的基本术语，如图1-11所示。

画面P. P. (Picture Plane)假设为一透明平面。

地面G. P. (Ground Plane) 建筑物所在的地平面。

地平线G. L. (Ground Line)地面和画面的交线。

视点S. (Sight)人眼所在的点。

视平面H. P. (High Plane)人眼高度所在的水平面。

视平线H. L. (High Line) 视平面和画面的交线。

视高H. (High)视点到地面的距离。

视距D. (Distance)视点到画面的垂直距离。

视中心点C. V. (Center Visual)过视点作画面的垂线，该垂线和视平线的交点。

中心线C. L. (Center Line)在画面上过视中心点所作视平线的垂线。

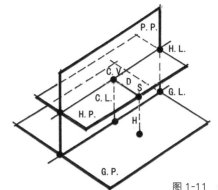

图 1-11　透视的基本术语

　　一点透视：如图 1-12 所示，是一点透视的基本原理。一点透视是最基本也是最常用的一种透视类型，又称平行透视，是最容易掌握的一种，所谓一点透视的"一点"是指只有一个灭点，画面中所有的物体都交于一点。一点透视的优势是画面比较稳定、平静，但对称构图，不够活泼，略显呆板。要画好透视的关键在于要抓住主要的透视线，视角的变换与空间的美感全在于动势线的角度。如图 1-13 所示，是一点透视在景观效果图手绘中的应用范例。

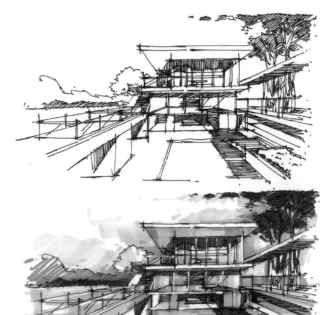

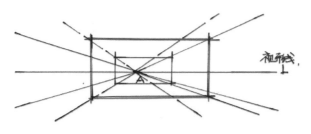

图 1-12　一点透视原理

图 1-13　一点透视应用

　　两点透视：如图 1-14 所示是两点透视的基本原理，两点透视也
称为"成交透视"，较一点透视更加活泼，富于变化。两点透视顾
名思义有两个方向上的灭点，因此要考虑两个方向上的透视，初学者
不易掌握。如图 1-15 所示是两点透视在景观效果图的应用范例。两
点透视的难点在于找准两个灭点，初学者往往找不准这两个灭点，或
者找到多个灭点，使两个灭点成为一个"摆设"。

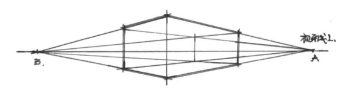

图 1-14　两点透视原理

图 1-15　两点透视应用

　　三点透视：如图 1-16 所示是三点透视的透视原理，在两点透视
的基础上，多增加一个灭点，这个灭点的位置根据视点的不同而变化。
其主要作用是突出仰视和俯视的效果，从而使表现的对象获得更加强
烈的视觉冲击。如图 1-17 所示是三点透视在景观建筑手绘中的应用
范例，三点透视一般多用于建筑或者景观设计的鸟瞰图，能够带来强
烈的视觉冲击力。

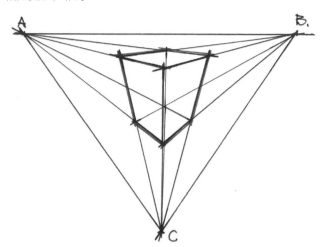

图 1-16　三点透视原理

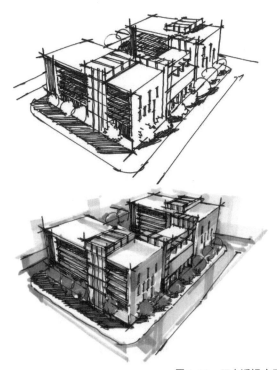

图 1-17　三点透视应用

1.6

园林景观设计手绘的构图关系

构图是物体在画面中的位置、大小和前后关系，即所要表达的事物在画面上的布局关系。构图基础可以分为两个层面，第一个层面即位置和大小的关系，既不能太大，也不能太小，更不能太偏。第二个层面，即层次关系，画面的构图讲究布局和经营，要有层次变化，就要做到前景、中景和远景的结合。前景要简化，起到构图作用，对比可以较为强烈。中景要细化，是画面着重表达的部分，层次对比要丰富。远景要弱化，起到烘托主体的作用。

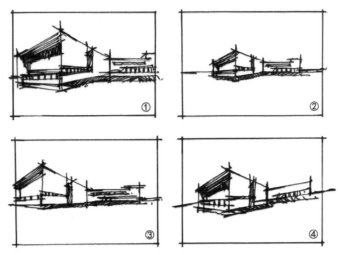

如图 1-18 所示，是 4 种常见的构图错误。图①：构图偏大，整体显得拥挤、笨重。图②：构图偏小，主体物不突出，视距太远。图③：构图太偏，主体物不完整。图④：构图太斜，有不稳定的感觉。

图 1-19 所示，是 4 种常见的构图问题，任何一个问题都会使画面简单，缺少层次。图⑤：只有远景和中景，前景显得太空，缺少层次。图⑥：只有近景和中景，远景太空，缺少层次。图⑦：只有中景和近景，缺少前景和远景。图⑧：只有前景和中景，缺少远景和近景。

图 1-20 所示，是一幅改正了以上所说的构图问题之后的景观手绘，在正确的构图基础上，交代出近景、前景、中景以及远景的层次变化，使画面更加丰富具体、细腻生动。

图 1-18　园林景观手绘常见的构图问题（一）

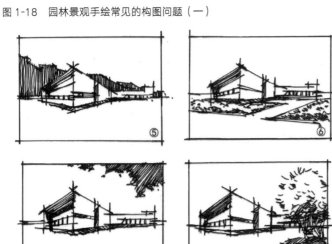

图 1-19　园林景观手绘常见的构图问题（二）

图 1-20　园林景观手绘构图范例

1.7
园林景观设计手绘的素描关系

画面的素描关系，也就是经常说的黑白灰关系，是决定画面效果的重要因素。好的黑白灰关系会让画面响亮，视觉冲击力强烈，同时也会给上颜色带来很多方便。好的素描关系要讲究大黑大白，对比要强烈，不能过于弱化。因此在画的时候重的地方要暗下去，而亮的地方就要亮起来。一般画面中最暗的地方就是物体的投影或者是暗部，而最亮的地方就是白纸的颜色，所以画面中要适当地做留白处理，如图 1-21、图 1-22 所示。

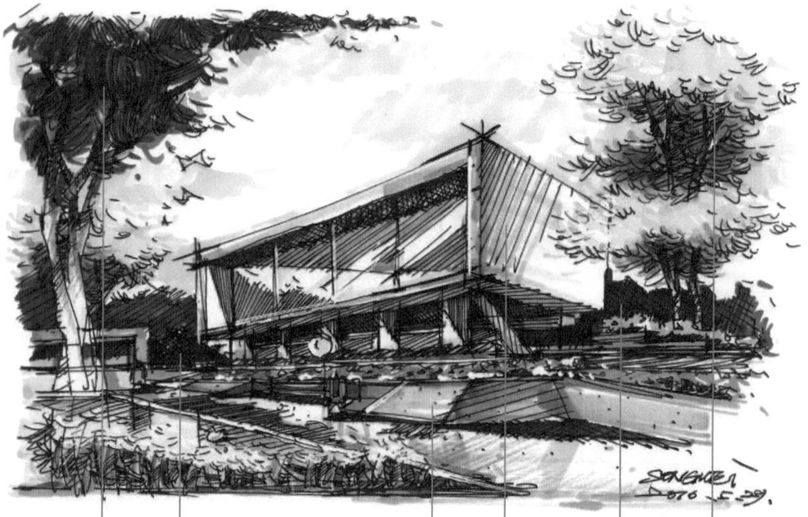

图 1-21　园林景观设计手绘的色彩关系

图 1-22　园林景观设计手绘的素描关系

亮部：画面中最亮的部分，要适当地留白处理，但留白不宜过多，否则给人一种没画完的感觉。

暗部：画面中最暗的部分，关系到整个画面的稳定，表现的不够的话会使画面发"飘"，画面对比不够。

灰部：画面中占大面积的部分，是整个画面中的主调，不要过于平均和单调，要有区别和变化。

1.8
园林景观设计手绘的空间体积分析

光的照射使物体具有立体感和空间感,产生素描的三大面和五大调子。光线越强,物体体积感越强,亮面和暗面对比也就越强烈,反之亦然。初学者一定要建立正确的空间思维,即空间体积关系。只有你对所画的物体理解,才能自由地表达出想要表达的东西。我们所处环境中的物体复杂多变,但归纳起来都是由简单的几何体相加或者相减组合变化而来。因此对于简单的几何体,即对"体块"分析和理解对于空间思维和手绘表达至关重要,如图 1-23 所示。

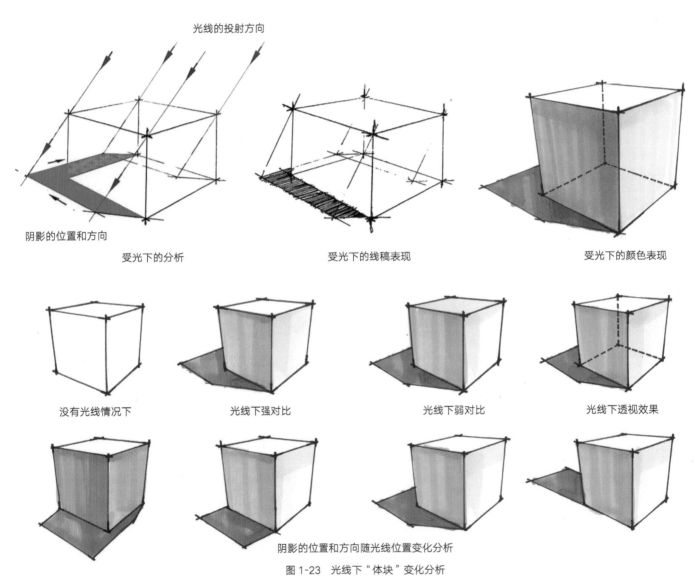

光线的投射方向

阴影的位置和方向

受光下的分析　　　　受光下的线稿表现　　　　受光下的颜色表现

没有光线情况下　　　光线下强对比　　　　光线下弱对比　　　　光线下透视效果

阴影的位置和方向随光线位置变化分析

图 1-23 光线下"体块"变化分析

体块的穿插如图 1-24 所示。

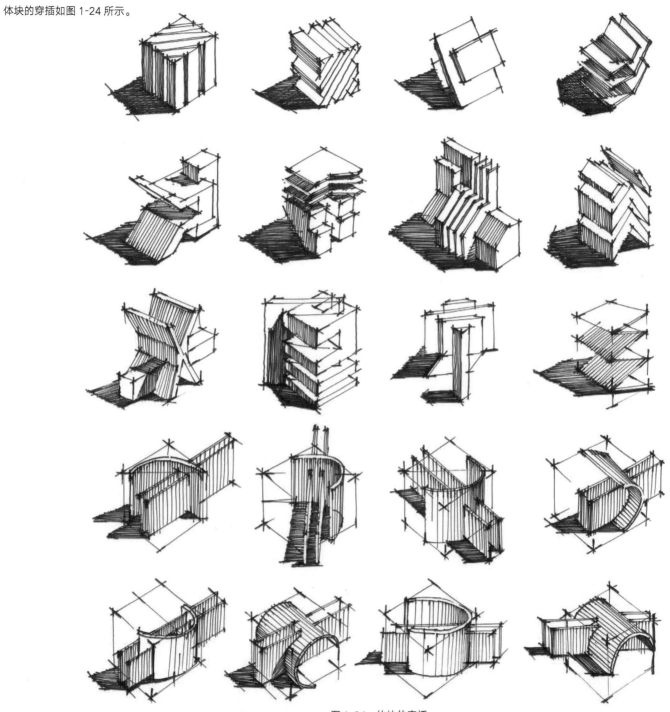

图 1-24　体块的穿插

1.9
园林景观设计手绘
的色彩搭配

一幅手绘作品色彩是最直观的，是让观者最先感受到的。好的颜色搭配能让作品增色不少，相反不好的颜色搭配也会让作品失色。色彩关系在于主观搭配，不要过分追求真实。很多初学者画手绘时都会出现颜色"很脏""不好看"的情况。原因就在于过分去追求"像不像"，忽视了主观的色彩搭配，在进行颜色搭配时，前提是使用的笔的颜色本身要不脏，颜色要漂亮。应该去判断上一笔和下一笔这两笔的颜色搭配好不好看。

园林景观手绘常用马克笔及不同色系的色彩搭配如图 1-25、图 1-26 所示。

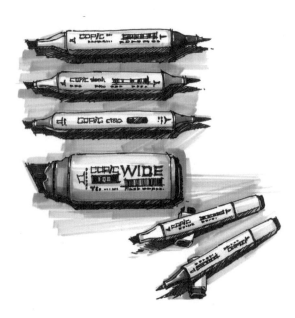

图 1-25　园林景观手绘常用的马克笔

在进行色彩搭配前要学习色彩的基本知识和规律，如色彩的明度、纯度和饱和度以及色彩的冷暖关系，以及三原色、间色、复色，对比色、互补色、同类色等基本的色彩知识。并通过不断练习掌握色彩的搭配方法和技巧，进行颜色搭配时，在真实地反映固有色和环境色的基础上，表现的是色彩之间的明度关系、纯度关系、冷暖关系以及饱和度关系的表达，要主观去搭配颜色，通过画面反映出作者的色彩感觉和色彩搭配能力。在此基础上还要进行套色的专项练习，掌握一定的配色方法和技巧可以在画面色彩中引人入胜，脱颖而出。

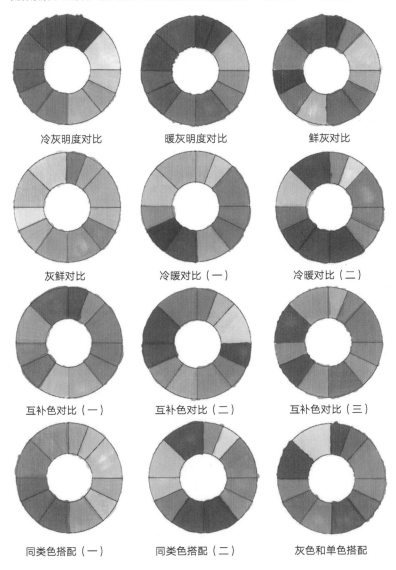

冷灰明度对比　　　暖灰明度对比　　　鲜灰对比

灰鲜对比　　　冷暖对比（一）　　　冷暖对比（二）

互补色对比（一）　互补色对比（二）　互补色对比（三）

同类色搭配（一）　同类色搭配（二）　灰色和单色搭配

图 1-26　园林景观不同色系的色彩搭配

　　如图 1-27~ 图 1-31 所示是常见的色彩搭配组合练习，这五种常见色彩的搭配
不是孤立的，很多时候一幅手绘作品使用了两种或者多种色彩搭配。如图 1-32 就
是应用了多种色彩的搭配组合，使画面色彩更加丰富。色彩搭配时不要过于机械，
在定下来主调的基础上可以增加一些对比的颜色，使画面视觉冲击力强。

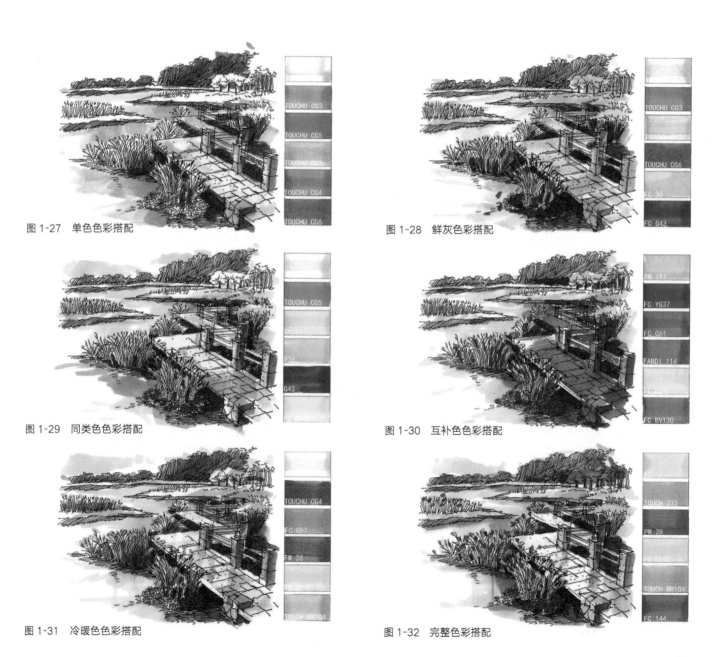

图 1-27　单色色彩搭配

图 1-28　鲜灰色色彩搭配

图 1-29　同类色色彩搭配

图 1-30　互补色色彩搭配

图 1-31　冷暖色色彩搭配

图 1-32　完整色色彩搭配

第2章

园林景观设计配景手绘表达

　　配景作为园林景观设计手绘的重要组成部分，是构成画面的重要因素，是园林景观设计手绘学习和练习的开始和重点。常见的园林景观配景包括：植物手绘表达、小品及构筑手绘表达、配景人物手绘表达、交通工具手绘表达、水景观手绘表达等内容。

　　其中，植物手绘和小品构筑手绘是学习的重中之重，不仅需要了解常见的植物种植方式，还需要掌握乔木、灌木、草本植物的单独和组合画法。小品和构筑也是园林景观设计中的重要元素，更是构成画面的视觉主体，在园林景观中起到烘托氛围、点缀空间、增强设计感的作用。一般其造型设计、元素、色彩都要与环境主题相契合。景观休息座椅、艺术雕塑小品、廊架等都是常见的景观小品和构筑设计。

　　本章将重点讲解园林景观设计常见的配景手绘的画法和展示部分优秀范例作品，值得初学者临摹和借鉴。

2.1
园林景观设计
植物手绘表达

植物是景观手绘中最重要的部分，从某种角度说，能否画好植物是能否画好景观手绘的关键。植物的丰富性不仅可以增强画面的空间感和生动性，还可以使画面更具有感染力。常见的植物大致可以分为：乔木、灌木、草本等三个大的类别。园林景观植物手绘基础如图 2-1、图 2-2 所示。

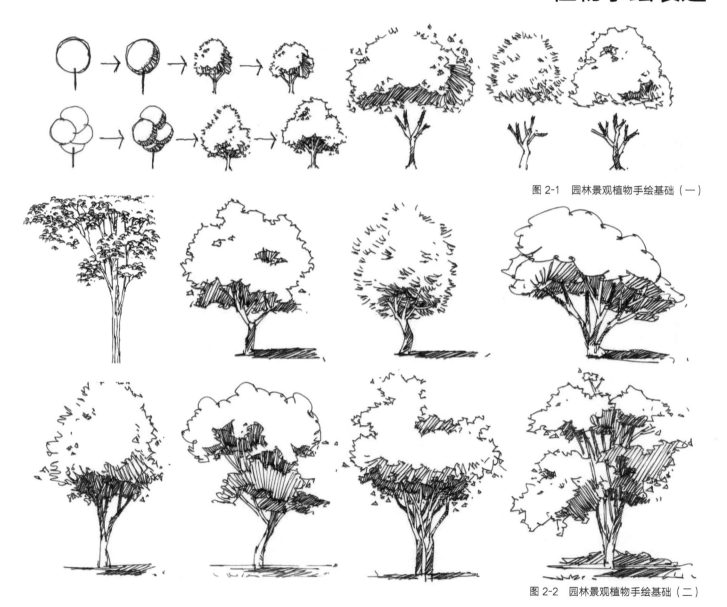

图 2-1　园林景观植物手绘基础（一）

图 2-2　园林景观植物手绘基础（二）

　　乔木的画法：乔木是植物设计中的重点，对整个环境的影响很大。乔木是指树身高大的树木，如图2-3、图2-4所示，乔木由根部生长出独立的主干，树干和树冠游明显的区别，和低矮的灌木相对应。

图 2-3　乔木植物的常规画法

　　常见的乔木有杨树、槐树、松树、柳树等。成熟的乔木一般能够达到 5 米以上。如图 2-3 所示是常见乔木的造型，乔木按照高度可以分为伟乔、大乔、中乔和小乔。按照四级植物叶片的脱落状况可以分为常绿乔木和落叶乔木两类，按照乔木叶片形状的宽窄可以分为阔叶常绿乔木、针叶常绿乔木、阔叶落叶乔木、针叶落叶乔木四种。

　　乔木类植物可以分为树冠、树干和树枝三个组成部分。表现时要抓住树冠是一个球体的概念，注意亮部和暗部的区别，亮部一定要控制住，可大面积留白。树枝在表现时要避免出现平行，注意前后左右的变化。如图 2-4 所示，是乔木的写实性画法，这种画法画得比较深入具体，能够真实地表现乔木的各方面特点，对树木的干枝结构和冠叶的质量刻画得较为细腻逼真，但较为费时费力，常用于较大幅面的表现图和近景树的表现。

图 2-4　乔木植物的写实画法

如图 2-5 所示是乔木的抽象画法（图案式画法），是对乔木比较艺术化的高度概括，对树木、树形、树权等形象特征加以"总结"，这种画法较为简单，易于掌握，常用于景观的立面图和剖面图的衬景树表现，能够使整个画面较为概念化地表达，呈现出令人耳目一新的视觉效果。

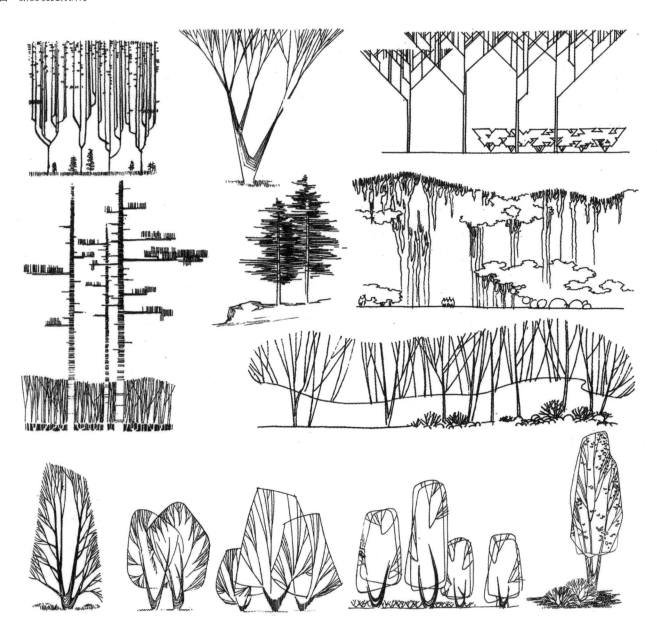

图 2-5　乔木植物的抽象画法

乔木植物的颜色稿如图 2-6 所示。

图 2-6　乔木植物的颜色稿

灌木植物和草本植物手绘如图 2-7、图 2-8 所示。

图 2-7　灌木和草本植物手绘（一）

图 2-8　灌木和草本植物手绘（二）

　　灌木植物的画法：灌木相对乔木较为"矮小"，没有明确的主干，与乔木都属于"木本植物"，多呈丛生状，成熟的灌木一般不高于 3m。灌木在设计中是具有亲和力和创造力的植物种类，灌木的高度和人体高度相近，灌木所营造的空间和造型具有较强的亲和力。另外，灌木还起到了在乔木和地被植物之间的过渡作用，使植物的层次更加丰富。常见的灌木有：连翘、女贞等。

　　草本植物的画法：草本植物植株矮小，高度一般在 10~60cm 之间，通常按照不同的颜色花纹进行种植和摆放，形成感染力很强的图案和纹理，且草本植物色彩多样，可以丰富和活跃画面。

植物的组合手绘如图 2-9、图 2-10 所示。

图 2-9　植物的组合手绘（一）

图 2-10 植物的组合手绘（二）

　　植物的组合练习：在植物设计的过程中，要讲究植物的搭配和组合。植物种植设计有几种最基本的形式：孤植、对植、列植、丛植和群植等。孤植：指单株树孤立种植。孤植树在景观设计中，一是作为景观中独立的庇荫树，也作观赏用；二是为了构图上的需要，主要显示树木的个体美。对于孤植的树的要求很高：姿态优美、色彩鲜明、体型略大、独具特色。如果周围配置其他树木，要保持合适的观赏距离。对植：指对称地种植大致数目相等的树木，在景观构图中起到衬托和烘托主景的作用，不要求绝对对称，但应保持形态上的均衡。列植：植树木按照一定的株距成行成列的栽植。丛植：丛植是树丛和树丛的组合，主要表现树木的群体美。群植：群植表现群体美，具有"成林"之趣。

2.2

园林景观设计
小品构筑手绘表达

景观小品是景观设计中不可缺少的部分，可以说是渗透到我们生活中每个细节和角落，不断改变和提升着我们的生活质量与审美情趣。景观小品的尺度、造型、材料和颜色等在表现时都要予以重视，同时与环境的融合度也是表现时的重点。园林景观设计小品构筑手绘如图 2-11~ 图 2-20 所示。

图 2-11　园林景观设计小品构筑手绘（一）

图 2-12　园林景观设计小品构筑手绘（二）

小品构筑的定义和内容

　　小品构筑即小品和构筑物的简称，一般来讲是指注重艺术性和场所感、协调于周围景观环境的带有功能性或提供观赏性的物体。景观小品是景观设计的点睛之笔，一般体量较小，对环境起到点缀作用，像是座椅、花坛、艺术装置、雕塑、指示牌等都属于景观小品。而构筑一般指的是小一些的廊架、花架、连廊等，构造简单，体量不会太大，多为木结构或简易钢结构，主要起装饰作用或是为人提供休息驻足之处，承载简单的休憩作用。

图 2-13　园林景观设计小品构筑手绘（三）

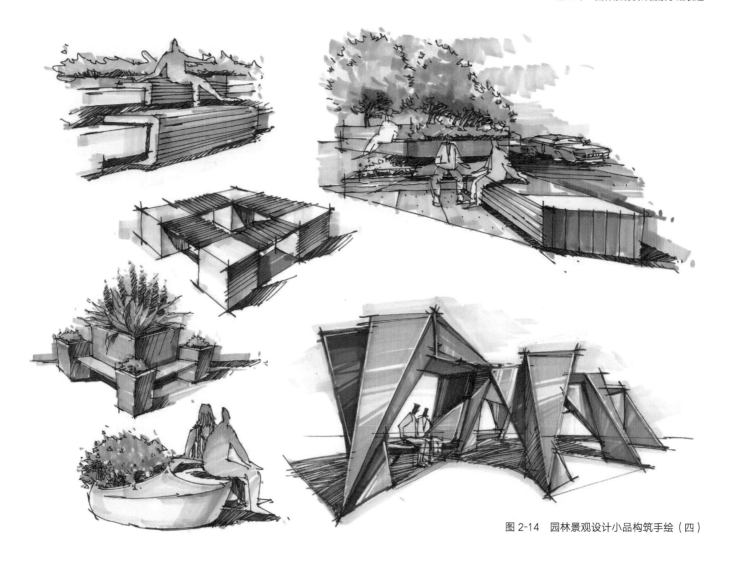

图 2-14　园林景观设计小品构筑手绘（四）

小品构筑的功能

　　小品构筑或是有简单的使用功能，或是有装饰性的艺术特征，既有技术上的结构要求，又有造型上和空间组合上的美感要求，因此其造型在环境中的取意需要经过一番精心琢磨和艺术加工才能与整体环境协调一致。

图 2-15　园林景观设计小品构筑手绘（五）

小品构筑在园林景观中的重要性、作用及设计原则

　　小品构筑一般在园林景观中起到烘托氛围、点缀空间、增强设计感的作用。一般其造型设计、元素、色彩都要与环境主题相契合。缺少小品构筑的环境就会显得乏味，不够饱满丰富。具体来讲小品构筑起到：①观赏性和组景作用；②分割空间与联系空间的作用；③使步移景异的空间增添明确的变化标志的作用；④渲染气氛、合理与周围环境相结合生成不同的艺术效果的作用。其设计时要注意布局与整体的一致性；风格与周围环境的一致性；实用性与美观性的一致性；满足行为心理功能的需求；体现地域环境文化等特点。

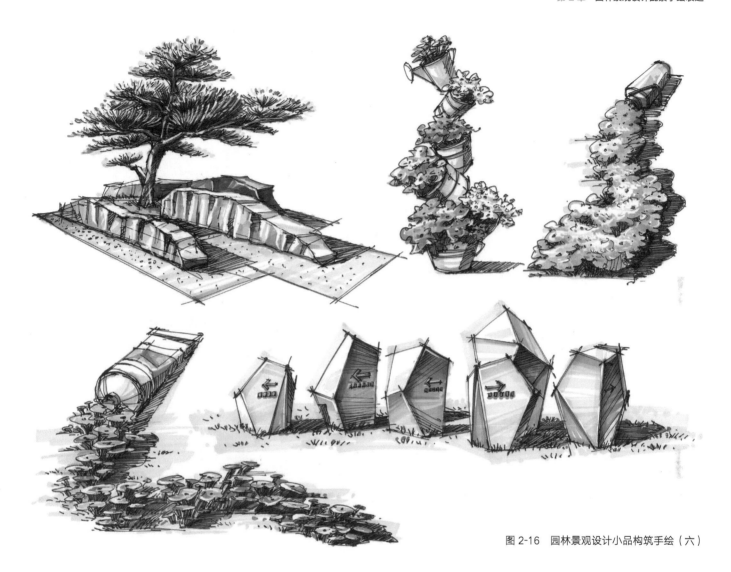

图 2-16　园林景观设计小品构筑手绘（六）

小品构筑手绘表达的要点

首先，小品构筑手绘在园林景观的手绘中一般起到点缀、烘托氛围的作用，所以在手绘表达中要注意不要太过于乖张以及出现太过分的变形和太过于具像化的形象。再者，其造型要合理，体现出设计感以及基本的美感，其具体形态的设计要结合场地设计理念，或者融合进场地，起到烘托氛围的作用。在其表达过程中，要注意，最好兼具功能性和美观性，使其二者体现在同一个设计的小品构筑之上，既能丰富提升画面，又能体现良好的设计审美素养。

图 2-17　园林景观设计小品构筑手绘（七）

小品构筑的艺术雕塑手绘

　　艺术雕塑作为景观小品的重点表达内容，起到了凸显地块艺术氛围、烘托整体艺术气氛的作用。作为能够影响整个景观设计的核心内容，艺术雕塑的设置要注意与环境相结合，能够和周围的绿植、建筑、地貌相呼应。同时，也要根据艺术雕塑的放置环境进行文化"解码"，使其具有一定的文化表现力。注重如图 2-17 所示霍夫曼在瑞典奥雷布洛中心设置的大黄兔，体现与动物的共生关系，蕴含了更多的文化内容。

图 2-18　园林景观设计小品构筑手绘（八）

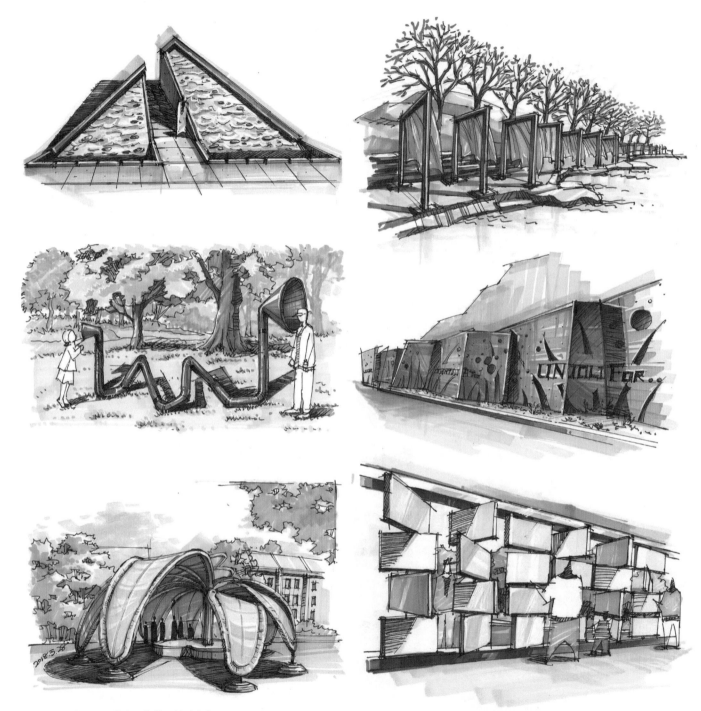

图 2-19　园林景观设计小品构筑手绘（九）

图 2-20　园林景观设计小品构筑手绘（十）

小品构筑手绘表达的注意事项

　　在园林景观手绘表达中，首先，小品与构筑要"亮眼"，但是注意不能太过于"抢眼"，以至于使得主景观失色。其次，在绘制过程中要注意其画面设计表达的顺序以及重要程度，合理分配笔墨，切忌在一个小局部中"细画深抠"，以至于抢占设计主体；再者，小品构筑与植物的搭配以及层级关系、前后遮挡关系也需要绘图者进行充分考虑，形成软硬质结合的局部景观，以形成丰富的图纸画面效果。

2.3

园林景观设计
配景人物手绘表达

配景人物在园林景观手绘中有两个作用：一是尺度参照，人物可以作为空间大小参照的重要标准；二是活跃画面，点缀和渲染氛围，使画面更加生动自然。因此人物的手绘表达不需要刻画得很仔细，只需符号化表达即可。需要注意在园林景观手绘中人物的手绘表达不是必须体现，掌握不好尺度感反而弄巧成拙。配景人物线稿手绘和颜色稿手绘如图 2-21、图 2-22 所示。

图 2-21　配景人物线稿手绘

图 2-22　配景人物颜色稿手绘

　　配景人物的画法：配景中的人物可分为远景人物、中景人物和近景人物三个层次。远景中的人物主要表现空间透视、点缀和活跃氛围，表现其大体动态即可。中景人物会经常用到，主要表现人物动态，略带细节即可。近景人物表现时需要较为细致地刻画，可用于画面的收边，或调整构图或者遮挡。近景的人物要和后面的画面有所对比和区别，当后面的画面过于丰富，显得有些堵的时候，近景的人物要简化处理，甚至只有轮廓线。当后面的画面比较简练时近景人物可以细致刻画，通常情况下近景人物多半是"背影"或"半身带手"。

2.4

园林景观设计
交通工具手绘表达

交通工具是活跃丰富画面的重要元素，掌握常见汽车尺寸，有助于在图中准确表达。画汽车时，除了平时要注意观察外，更重要的是要理解汽车的体积关系，不要把它当成具象的汽车来理解，而是要把它理解为简单的几何形体。如图 2-23 所示，是汽车的几何形体分析，可以把汽车分解成几个简单的几何形体，正确的理解这些几何形体是画好汽车的前提。汽车的体积和受光分析如图 2-24 所示，汽车手绘步骤图如图 2-25 所示。

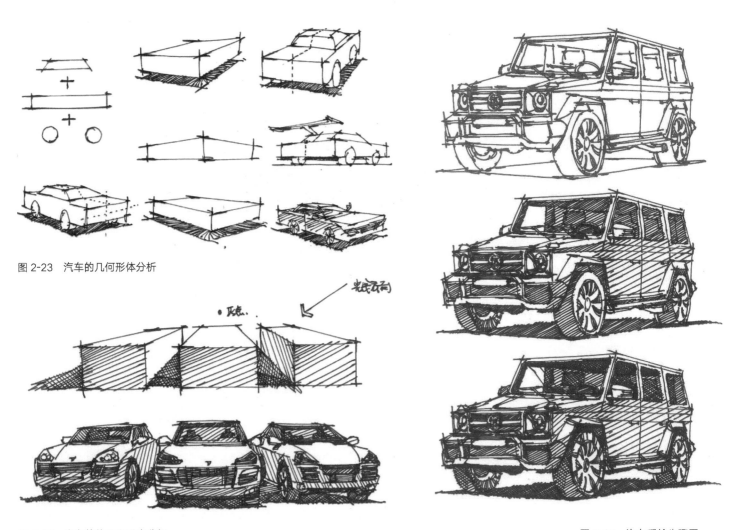

图 2-23　汽车的几何形体分析

图 2-24　汽车的体积和受光分析

图 2-25　汽车手绘步骤图

汽车线稿手绘范例如图 2-26~ 图 2-28 所示。

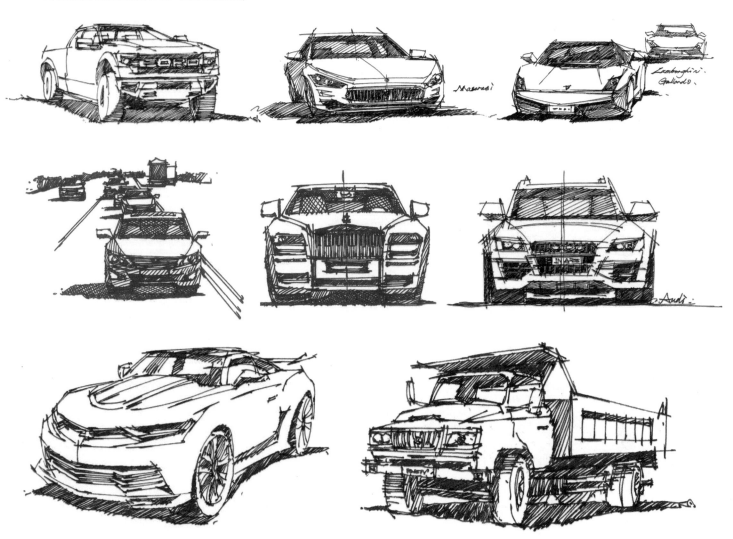

图 2-26　汽车线稿手绘范例（一）

汽车在园林景观手绘中的重要性

　　汽车作为园林景观配景中的重要元素，出现频率很高，常常作为烘托气氛的物体出现。好的汽车手绘可以给整个画面增色不少。汽车既可以作为空间尺度的重要参照物，也能增加画面完整度，可以凸显出绘图者的手绘造型能力。另外汽车的颜色还可以给画面提供调整机会，如若缺少纯色或者重色，汽车的上色都可以根据画面调整。

图 2-27　汽车线稿手绘范例（二）

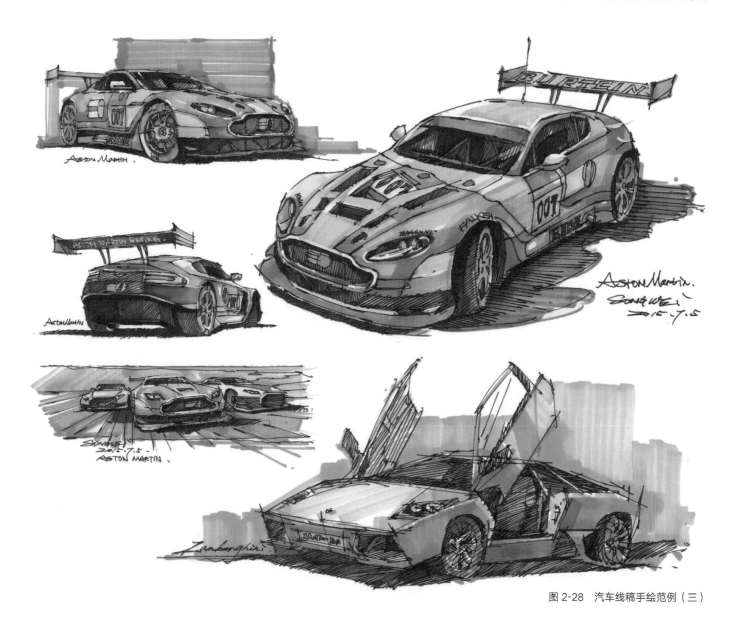

图 2-28　汽车线稿手绘范例（三）

汽车手绘的方法以及原则

　　汽车在绘制过程中需要注意一些基本的原则，首先，绘制中需要注意汽车造型比例的正确表达，这些都是非常显露绘图者基本素养的方面。其次，线条要流畅，由于汽车自己本身的造型以及其自身表达象征的速度感来讲，线条不宜太过拖沓。最后，在绘制汽车时要注意其深入程度应当进行把控，汽车作为园林景观手绘中的配景，不宜用太过于复杂，以至于抢占设计主体。

2.5

园林景观设计
水景观手绘表达

水是景观的活力所在，恰当的水体表达能够活跃和丰富画面。可以简单地把水体分为：静水和动水。静水：平静得如同镜子，表达时要注意周围环境在水面上的倒影，切忌简单地平涂蓝色，可以在水中适当地加一些植物来活跃画面动水；要充分表达动水产生的水面变化，如涟漪和溅起的水滴水花等。园林景观设计水景观手绘范例如图 2-29、图 2-30 所示。

图 2-29　园林景观设计水景观手绘范例（一）

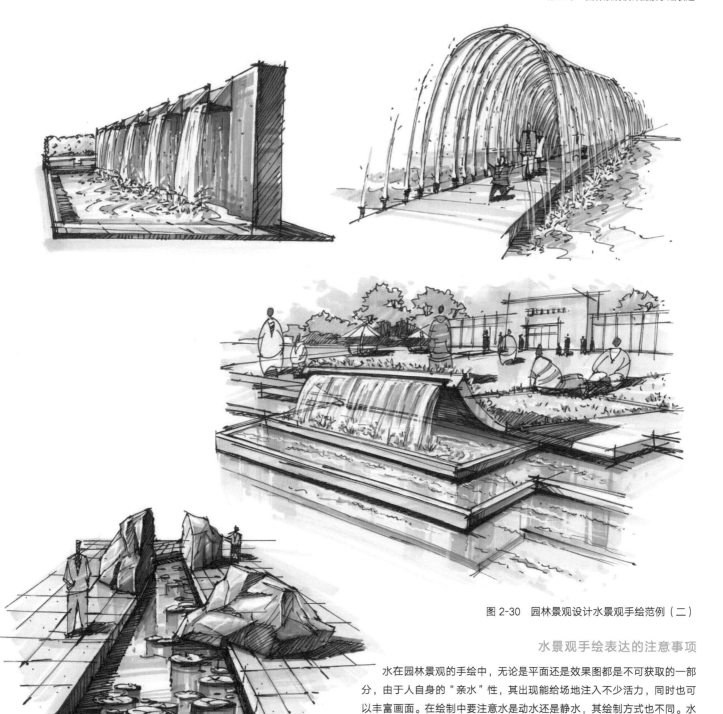

图 2-30 园林景观设计水景观手绘范例（二）

水景观手绘表达的注意事项

　　水在园林景观的手绘中，无论是平面还是效果图都是不可获取的一部分，由于人自身的"亲水"性，其出现能给场地注入不少活力，同时也可以丰富画面。在绘制中要注意水是动水还是静水，其绘制方式也不同。水景具有特殊性，要注意其与周边场地环境的相互影响，如倒影之类的表现。

第3章

园林景观设计草图手绘表达

　　草图手绘是设计师必不可少的基本功，是设计师表达设计理念与表现方案结果最直接有效的"视觉语言"。在设计创意阶段，草图能直接反映设计师构思时的灵光闪现，它所带来的结果往往是无法预见的，而这种"不可预见性"正是设计原创精神的灵魂所在。草图所表达的是一种假设，而设计创意本身就是"假设再假设"，用草图来表达这种假设十分方便。它不是一个目标，而是一种手段和过程，是对空间进行思考与推敲，再经过一系列思维碰撞而产生的灵感火花。

　　草图手绘是一种图示思维方式，设计师把大脑中的思维活动延伸到外部，通过图形使之外向化、具体化，设计往往开始于那些粗略的草图。同时作为一门艺术，草图手绘因为表现者的修养而呈现出丰富多彩的艺术感染力，这些都是计算机无法比拟的。

　　本章将重点讲解园林景观设计草图手绘表达的内涵意义，并展示园林景观草图手绘的范例作品。

园林景观设计草图
手绘表达与范例

园林景观设计草图手绘范例如图 3-1~ 图 3-4 所示。

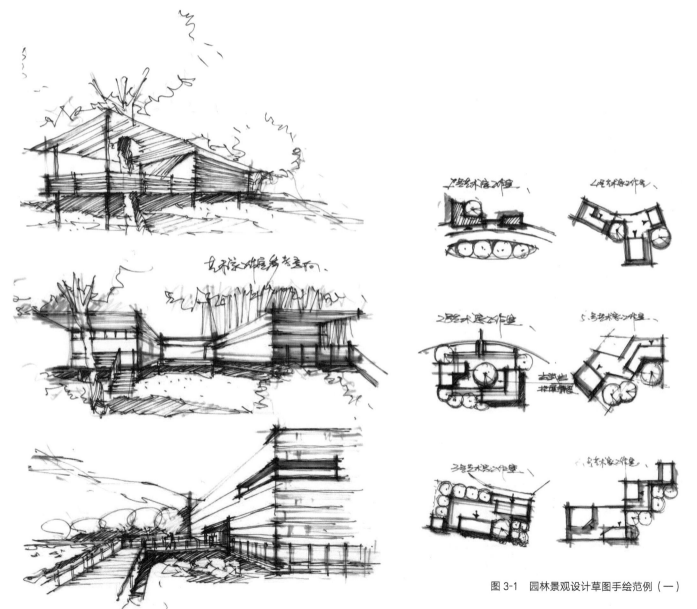

图 3-1　园林景观设计草图手绘范例（一）

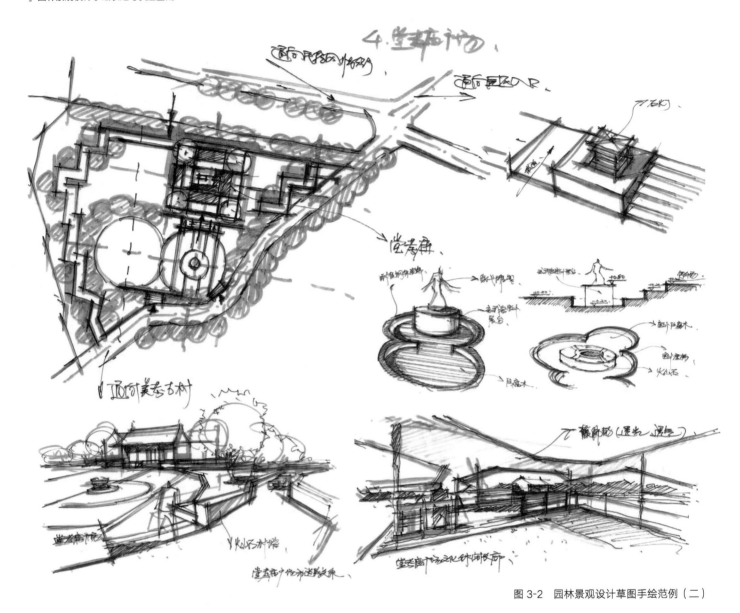

图 3-2　园林景观设计草图手绘范例（二）

草图手绘的原则与方法

　　简单地说，草图手绘分为两种类型，一是记录性的草图手绘，是作为一种记录手段，在看优秀设计作品的时候，作为生活中的随笔记录下来；二是设计构思草图，在设计过程中，我们往往会进行各种各样的假设、推敲，利用草图手绘的形式可以推进设计思维，用图示来发现问题，把不确定的抽象思维慢慢具象化从而形成设计作品，实现设计目标。那么在草图的绘制过程中我们要注意，绘制草图并不是精细的尺规作图，其作用就是用来记录或是表达设计思维，所以在绘制过程中，可以用简单的线条快速地进行表达，形成易懂的图示语言即可。

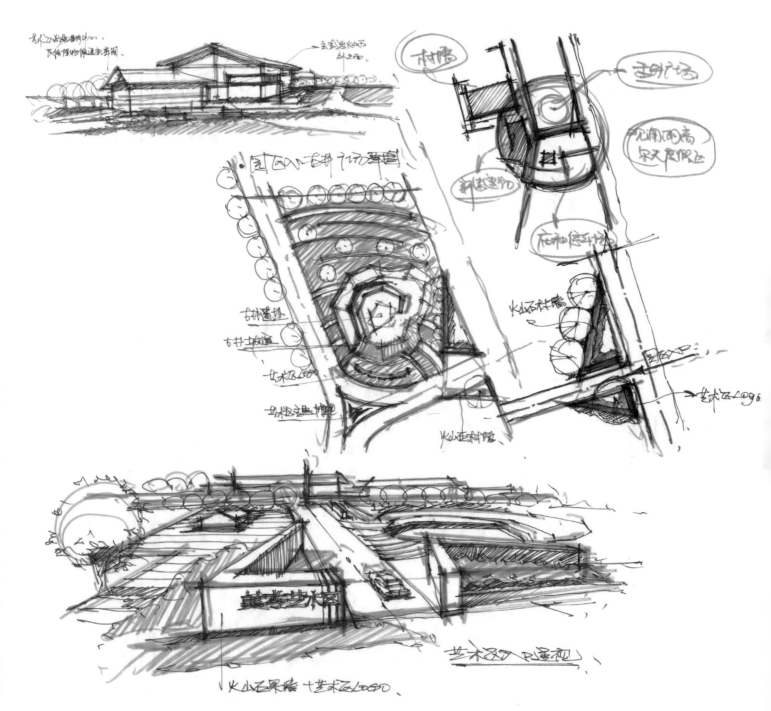

图 3-3　园林景观设计草图手绘范例（三）

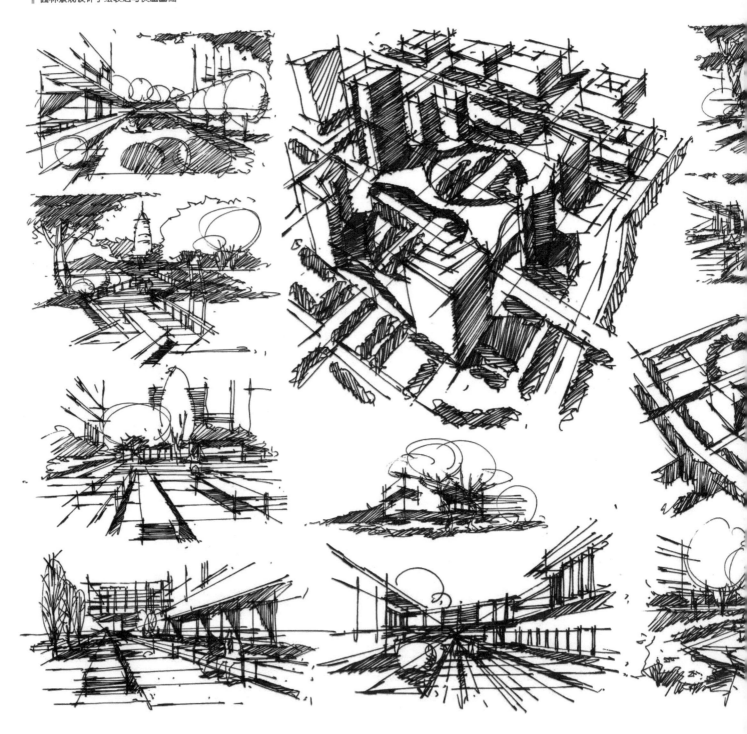

图 3-4　园林景观设计草图手绘范例（四）

草图手绘的注意事项及经验

在园林景观的学习过程中，手绘草图作为观察世界、记录优秀设计作品的方式，其实就是观察、理解、描述的过程。要注重的不是其表面装饰的浮华，而是重点描述其氛围格调、空间关系、人物感受、微妙的材质肌理、工艺的合理性和设计的耐久性等。其次，手绘草图作为设计思考、交流想法的工具，要注重的是在绘制过程中形体大致准确、线条简单、图示语言易懂，这样才能在快速表达中传出大量"正确的"设计信息。而其表达形式也绝不是单一的，例如，快速的立体场景草图可以探讨整个设计的场地氛围，"平、立、剖"的草图绘制可以加深尺度的把控以及空间关系的理解等。

上海世博会各国馆草图手绘如图 3-5 所示。

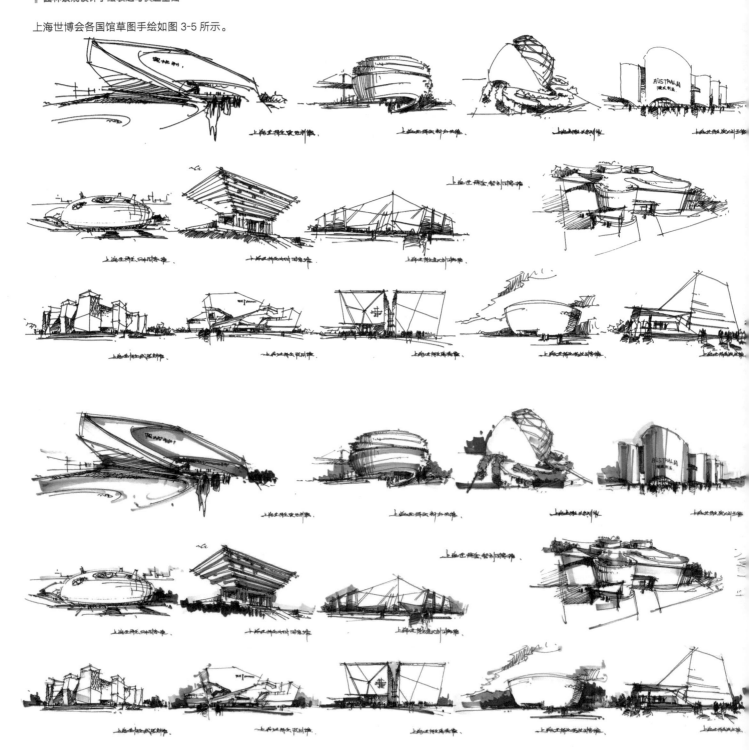

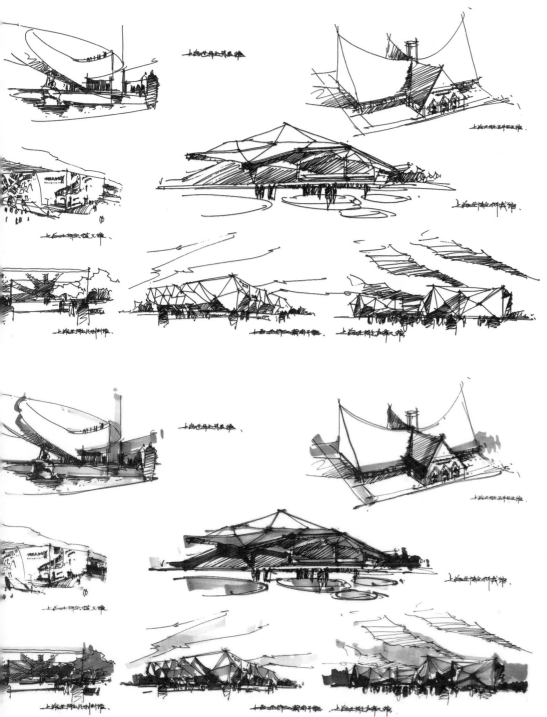

图 3-5　上海世博会各国馆草图手绘

第4章

园林景观设计线稿手绘表达

　　良好的线稿手绘本身就具有极强的表现力和观赏性，尤其是快题考试为了视觉效果强烈，适当的上色能够更加全面直观展示设计方案的意图和效果，优秀的线稿能够为后期上色减少大量工作，减少颜色的反复叠加和修改，即使是简单的平涂颜色也会带来很好的视觉效果。线稿和上颜色的比重应该是 6：4 的比例关系，也就是说，对于一张效果图线稿的比重要占到六成，而上颜色的比重只占到四成，这就是为什么将园林景观设计线稿手绘表达作为单独一章的原因，希望在手绘的学习过程中能够引起学生足够的重视。

　　本章将重点讲解园林景观设计线稿手绘的意义，并展示大量的园林景观设计线稿手绘范例作品。

4.1
园林景观设计
线稿手绘的意义

　　如图 4-1 所示，好的线稿是上色的基础和前提。一幅优秀的线稿能给上颜色带来很多方便，线稿疏密组织的好就会使画面的黑白灰效果好，因此就不需要通过颜色的叠加来调整画面的黑白灰，这样一来就不会导致画面颜色变脏。一幅好的手绘要多线少色，做到"七分线三分色"，通过线稿把结构比例和疏密组织好，上色的时候只需要简单地用物体的固有色平涂就可以，不需要通过复杂的颜色叠加变化来达到想要的效果。

图 4-1　园林景观设计线稿手绘范例（一）

4.2

园林景观设计
线稿手绘范例

可参考图 4-2~ 图 4-39 效果图线稿手绘是后期上颜色的基础和前提，因此对于效果图手绘来说，必须注重线稿手绘，提高线稿手绘的标准和质量。

图 4-2　园林景观设计线稿手绘范例（二）

· 范例评析：
Z 学姐（中央美院硕士）

如图 4-3 所示，整张快题
疏密有致、空间纵深感较强、
透视合理。画面近景对植物的
密集刻画与远处建筑单体形成
了对比，恰到好处的留白使整
张画面保留了透气感。植物丰
富度较高，错落有致。

图 4-3　园林景观设计线稿手绘范例（三）

· 范例评析：
S 学姐（中央美院硕士）

如图 4-4 所示，该方案
的作者笔法熟练，画面丰富度
较高，透视关系合理。构筑物
结构清晰，人物的点缀增强了
画面的互动感。但画面远处建
筑单体与植物联系些许紧密，
容易区分不出前后关系。

图 4-4　园林景观设计线稿手绘范例（四）

图 4-5　园林景观设计线稿手绘范例（五）

· 范例评析：
G 学姐（中央美院硕士）

　　如图 4-5 所示，整张快题画面纵深感较强，水上动物的点缀增加了画面的灵动性。但画面整体向右倾斜，造成了画面的不稳定感，植物、水体的笔触单一，前景植物刻画不够精致，未拉开远近关系。

图 4-6　园林景观设计线稿手绘范例（六）

· 范例评析：
W 学姐（中央美院硕士）

　　如图 4-6 所示，该方案的作者用笔熟练、笔触较为丰富，对不同材质的画面元素做出了区分。人物形态丰富，增强了画面的场景气息。疏密有致，空间感较强，是运用一点透视来表现画面效果的不错案例。

图 4-7　园林景观设计线稿手绘范例（七）

·范例评析：Y 学姐（中央美院硕士）

如图 4-7 所示，画面视觉冲击力较强，元素丰富、建筑与构筑物组合复杂但表现清晰，明暗关系过渡自然且画面重心较为突出。对画面整体把握的同时也不乏对材质、人物、投影等细节的刻画，笔触丰富、关系和谐。适当的留白也为画面增加了一些透气感，丰富精彩的景观节点设计不仅使效果图更加容易刻画，也是方案设计中的重要闪光点。

· 范例评析：Z 学姐（中央美院硕士）

　　如图 4-8 所示，画面黑白灰关系明确，对比强烈，视觉冲击力强。建筑物、构筑物、植物、人物、地面铺装之间关系明确，表现清晰。作者对透视的把握十分精准，空间纵深感强烈。通过对画面中各种要素投影的刻画，增强了整个画面的光感和空间氛围。

图 4-8　园林景观设计线稿手绘范例（八）

· 范例评析：
L 学姐（中央美院硕士）

　　如图 4-9 所示，画面用笔放松，明暗对比明显。但空间结构刻画不够清晰明确，主题构筑物的刻画不够仔细，应在设计中加入更多的细节刻画，或增加人物刻画展现画面的互动性，将功能用途更直观地表现出来。

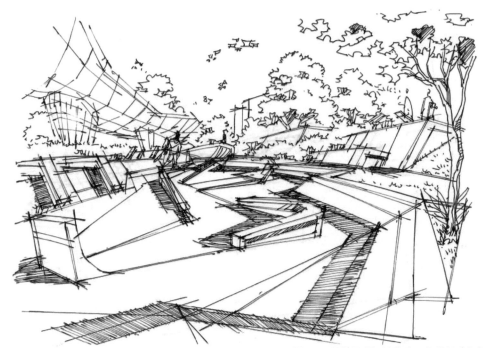

图 4-9　园林景观设计线稿手绘范例（九）

· 范例评析：
L 学姐（中央美院硕士）

　　如图 4-10 所示，该方案的作者对画面的空间透视把握尚可，画面空间感较强，提升了视觉冲击力。但作者笔触不够放松，缺少对人物的刻画和对细节的表现，画面略显古板。明暗对比不够强烈，缺少了对光影的刻画。

图 4-10　园林景观设计线稿手绘范例（十）

图 4-11　园林景观设计线稿手绘范例（十一）

· 范例评析：
W 学姐（中央美院硕士）

　　如图 4-11 所示，画面对比强烈、关系明确、空间纵深感强。人物刻画较为灵动，远中近景皆有分布，提升和丰富了画面。前景植物的刻画也比较精细，运用了不同的笔触。适当的留白也提升了画面的透气感。

图 4-12　园林景观设计线稿手绘范例（十二）

· 范例评析：
L 学姐（中央美院硕士）

　　如图 4-12 所示，作者用笔肯定，对画面的整体把握明确。结构关系和谐，透视精准，空间纵深感强烈。明暗对比强烈，增加了画面的视觉冲击力。对前景植物的刻画也比较精细，拉开了空间的前后关系。

· 范例评析：
L 学姐（中央美院硕士）

如图 4-13 所示，画面疏密有致、空间开阔，纵深感强，前后关系对比强烈。前景的植物与人物刻画细致灵动，与画面中的留白产生了强烈的对比，拉开了前后距离。作者笔法熟练、笔触丰富，场景氛围生动。

图 4-13　园林景观设计线稿手绘范例（十三）

· 范例评析：
Z 学姐（中央美院硕士）

如图 4-14 所示，画面整体疏密有致、结构清晰美观，空间尺度感真实、主次分明、配景适宜。作者笔法熟练，用不同的笔触刻画了不同的材质细节。明暗关系过渡自然，适当的留白也提升了整体的场景气氛。

图 4-14　园林景观设计线稿手绘范例（十四）

图 4-15　园林景观设计线稿手绘范例（十五）

· 范例评析：Z 学姐（中央美院硕士）

　　如图 4-15 所示，画面空间进深感强，画面丰富，构筑物构造清晰。作者笔法熟练，对画面的整体把握较为明确，适当的留白为画面提升了透气感。人物的形态刻画增强了画面的灵动性，远近植物的层次感较强，构筑物的整体贯穿拉大了画面的空间感。或可深入对画面明暗关系的表达，提升画面的视觉冲击力。

· 范例评析：

W 学姐（中央美院硕士）

如图 4-16 所示，画面中的构筑物形态新奇，曲线的设计语言更容易抓人眼球。但作者对曲线的把握不够熟练，构筑物的刻画略显潦草。前景细节还有待补充。空间进深感强烈，但画面明暗对比稍显不足。

图 4-16　园林景观设计线稿手绘范例（十六）

· 范例评析：

L 学姐（中央美院硕士）

如图 4-17 所示，画面规整、结构清晰。作者笔法肯定，透视把握准确，前后关系和谐，空间塑造丰富，场景整体感强。在前景主体植物的选择与刻画可以更加精致一些。笔触的丰富度亦有待提升以丰富空间的整体质感。

图 4-17　园林景观设计线稿手绘范例（十七）

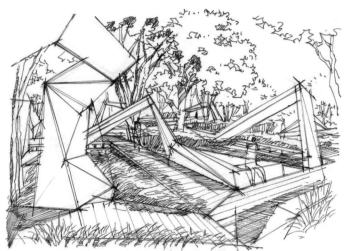

图 4-18　园林景观设计线稿手绘范例（十八）

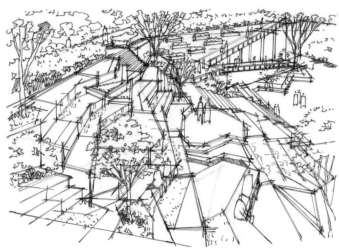

图 4-19　园林景观设计线稿手绘范例（十九）

图 4-20　园林景观设计线稿手绘范例（二十）

图 4-21　园林景观设计线稿手绘范例（二十一）

· 范例评析：L 学姐（中央美院硕士）

　　如图 4-18~ 图 4-21 所示，四幅效果图线稿案例都具有画面要素丰富、构筑物形态不规则等
特点，在刻画这类效果图时，应加强对画面整体的把握，做到杂而不乱，且结构清晰、疏密有致。
区分好画面中物体的主次关系，增强明暗对比。精准刻画，笔触规整，适当留白使画面保持一定
的呼吸感。

图 4-22　园林景观设计线稿手绘范例（二十二）

· 范例评析：Z 学姐（中央美院硕士）

　　如图 4-22 所示，画面表达清晰，结构分明、层层递进，整体把握严谨，内容也较为丰富，对构成画面不同元素的材质也有细致的刻画。作者笔法运用熟练，笔触多样，大大提升了画面的丰富度，适当的留白也增加了画面的透气感。建议在画面中多加一些人物的刻画，增加画面尺度感的真实性。

图 4-23　园林景观设计线稿手绘范例（二十三）

· 范例评析：Y 学姐（中央美院硕士）

　　如图 4-23 所示，画面结构清晰，整体性强，构筑物的刻画比较细致，植物的远近分布层层递进。作者用笔肯定、笔触丰富，画面丰富性较高，空间感较强。但缺乏对光影的刻画，场景氛围感不够，明暗关系不够明确，造成了视觉冲击力不够，可补充一些人物的刻画，增加场景的空间尺寸感。

图 4-24　园林景观设计线稿手绘范例（二十四）

图 4-25　园林景观设计线稿手绘范例（二十五）

图 4-26　园林景观设计线稿手绘范例（二十六）

图 4-27　园林景观设计线稿手绘范例（二十七）

·范例评析：W 学姐（中央美院硕士）

　　如图 4-24~ 图 4-27 所示，四幅画画面丰富性较高，松紧有致。作者笔法熟练、笔触丰富，对植物的刻画十分精彩，远近有别、层层递进。作者对构筑物的结构把握能力较强，透视较为精准。画面中不乏对人物的刻画，增加了空间尺度的真实感，提升了画面的灵动性。

图 4-28 园林景观设计线稿手绘范例（二十八）

· 范例评析：G 学长（中央美院硕士）

　　如图 4-28 所示，画面中空间结构清晰，透视把握精准，近处的建筑物与远处的山体拉开了
画面的进深感，增强了画面的视觉冲击力。作者用笔肯定、笔法丰富，对光影的刻画增强了场景
的画面氛围感。建筑物刻画结构明确，加以植物的衬托，主次分明。

· 范例评析：
S 学姐（中央美院硕士）

如图 4-29 所示，作者用
笔熟练、笔触丰富，画面整体
关系清晰，空间感强，前中后
景观要素错落有致、主次分明。
丰富的笔触提升了画面的整体
质感，适当的留白增强了画面
的通透感。

图 4-29 园林景观设计线稿手绘范例（二十九）

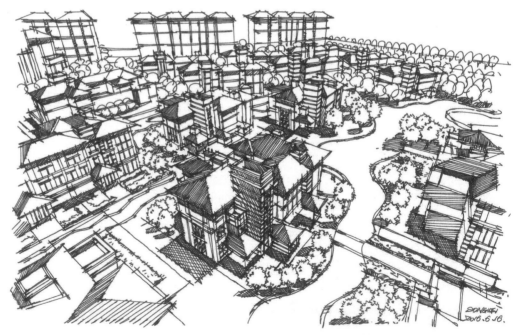

· 范例评析：
Z 学姐（中央美院硕士）

如图 4-30 所示，鸟瞰图
一直是景观手绘中的一大难
点，作者对透视把握准确，利
用鸟瞰图更好地表现了场地
的整体空间关系，用笔肯定，
建筑结构清晰，明暗对比强
烈，画面具有较大的视觉冲
击力。

图 4-30 园林景观设计线稿手绘范例（三十）

图 4-31 园林景观设计线稿手绘范例（三十一）

· 范例评析：
S 学姐（中央美院硕士）

　　如图 4-31 所示，作者笔法熟练、笔触丰富、线条流利，植物远近遮挡关系和谐，人物刻画灵动，增加了空间尺度的真实感。透视把握精准，空间感强。明暗过渡自然，对比强烈，画面跳脱。

图 4-32 园林景观设计线稿手绘范例（三十二）

· 范例评析：
G 学长（中央美院硕士）

　　如图 4-32 所示，画面整体感强，关系和谐，空间纵深感强，画面丰富，风筝、人物、植物的刻画为画面增添了灵动感。画面中对整体投影的刻画增强了画面的明暗对比，提升了画面的视觉冲击力。

图 4-33 园林景观设计线稿手绘范例（三十三）

· 范例评析：
W 学姐（中央美院硕士）

　　如图 4-33 所示，作者透视把握精准，画面丰富，主要单体塑造精致。场地道路曲折，丰富了画面空间，前景植物刻画细致，画面适当的留白增加了画面的透气感。

图 4-34　园林景观设计线稿手绘范例（三十四）

· 范例评析：Y 学姐（中央美院硕士）

　　如图 4-34 所示，作者对画面整体具有较强的把握，用笔肯定，笔触丰富，能够熟练刻画、表现不同的材质。画面主次关系明确、松紧错落有致，明暗关系过渡自然，对比明确，具有较强的视觉冲击力。作者在画面中融入了古典园林的设计元素，配景适宜统一了场景整体设计氛围，对人物形态的刻画提升了画面的灵动性。但画面的整体精致度还有待提升，例如近景中的桌子和河中石块的刻画以及远处凉亭的描绘，用线可以再精准一些。画面的整体氛围也可再进一步的渲染，丰富提升画面细节。

图 4-35　园林景观设计线稿手绘范例（三十五）

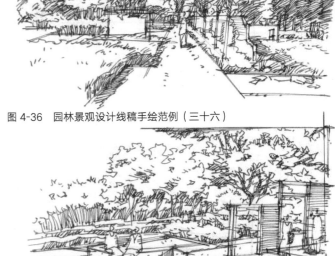

图 4-36　园林景观设计线稿手绘范例（三十六）

图 4-37　园林景观设计线稿手绘范例（三十七）

图 4-38　园林景观设计线稿手绘范例（三十八）

· 范例评析：

Z 学姐（中央美院硕士）

如图 4-35、图 4-36 所示，两张效果图线稿画面丰富，层次分明，空间感强，前后关系对比充足，拉大了画面的进深感。作者用笔熟练，笔触丰富，表现了不同植物的形态、肌理，适当的留白也提升了画面的透气感，使空间疏密有致。也可在画面中适当添加人物，提升画面的灵动性，增强画面空间尺度的真实感。

· 范例评析：

L 学姐（中央美院硕士）

如图 4-37、图 4-38 所示，两张效果图整体效果比较规整，空间感较强，明暗过渡比较自然。但缺乏对细节的刻画，缺乏对视觉冲击力强的主体物刻画，画面整体有余、细节不足，精彩的景观节点不仅是效果图的精彩部分，更是方案设计中的加分项，可以提高画面的设计感。

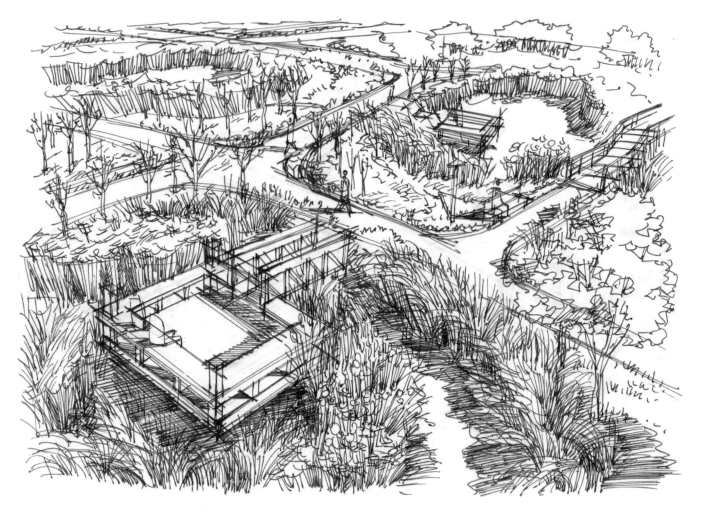

图 4-39　园林景观设计线稿手绘范例（三十九）

·范例评析：L 学姐（中央美院硕士）

　　如图 4-39 所示，作者对景观鸟瞰图的透视把握比较准确，功能分区和空间表达也比较清晰。用笔放松但不够精致，应加强对鸟瞰图植物的刻画和透视表现，提升对鸟瞰图景观节点的细节设计，提高画面的丰富度和整体性。加强画面的明暗对比度，使设计场地表达更加直观。

第5章

园林景观节点空间设计手绘表达

园林景观节点空间包括广场景观空间、滨水景观空间、公园景观空间、校园景观空间、居住区景观空间和街头绿地景观空间等常见的空间类型。通过手绘表达设计想法和意图，不仅需要掌握这些空间类型的设计要点，更需要提高这些空间类型的效果图手绘表达能力。效果图的手绘表达不仅是指线条的表现力、马克笔用笔用色等"表面文章"，更是指通过手绘表达反映出的空间感、体量感、尺度感以及设计感。具体来讲，效果图的手绘表达要着重注意空间的透视关系、比例尺度关系以及设计的细节问题。换言之，园林景观效果图手虽然绘画的是"手绘"，反映出的则是"设计方案本身"，即设计能力的体现。因此在手绘的学习过程中，要注意"表"和"里"的问题，"表"即手绘的外在表现，及常说的用笔用色等方面，而"里"则是通过手绘反映出的设计能力。在学习的过程中要始终注重设计能力的提升，在设计层面的问题解决后，好的手绘表绘则是锦上添花。

本章将重点讲解常见的六种园林景观节点空间的手绘步骤和方法，并展示大量的手绘范例作品。

5.1
广场景观空间设计
手绘表达

广场主要是由地面和周围的建筑围合而成的公共空间，是能够聚集市民的大块空地，是内部空间的外部延伸，而这种公共空间又将周围的建筑组成一个有机的整体，将建筑的外部空间"联系"起来。因此广场的景观设计要考虑到周围建筑的风格和形式，使其成为一个有机的整体。在这个基础上，还要赋予广场一定的主题或一定的文化特色，满足人民群众对城市空间环境日益提高的审美要求。广场景观设计效果图及步骤图如图 5-1、图 5-2 所示。

图 5-1　广场景观设计效果图（一）

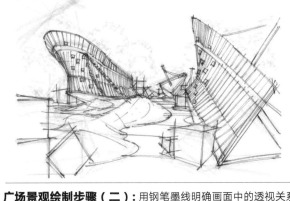

广场景观绘制步骤（一）：用浅颜色马克笔画出空间透视关系、物体形体关系。

广场景观绘制步骤（二）：用钢笔墨线明确画面中的透视关系和形体关系。

广场景观绘制步骤（三）：在正确的透视和形体关系基础上，丰富线稿细节。

广场景观绘制步骤（四）：用占画面面积最大的蓝色、绿色马克笔铺大色。

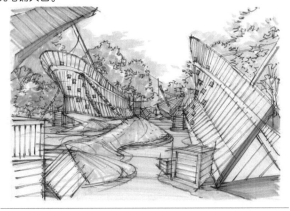

广场景观绘制步骤（五）：继续铺大面积的颜色，明确画面的主色调。

广场景观绘制步骤（六）：完善局部颜色，调整色彩关系，确定画面色调。

图 5-2 广场景观设计步骤图

· 范例评析：
W 学姐（中央美院硕士）

如图 5-3 所示，效果图空
间表达完善，层次分明。用笔
大胆，画面的黑白灰效果很直
接。前面的建筑物构图大胆，
视觉效果强烈。人物元素使得
画面多了一丝生动活泼。

图 5-3　广场景观设计手绘范例（一）

· 范例评析：
L 学姐（中央美院硕士）

如图 5-4 所示，方案的
作者用笔老练，笔触果断有
力，值得大家学习。线条感的
设计增强了空间表现力。整体
配色很亮眼，整体色调很舒
适，"前中后"和"左中右"
的空间很明显。

图 5-4　广场景观设计手绘范例（二）

· 范例评析：L 学姐（中央美院硕士）

如图 5-5 所示快题的效果图表现形式独具匠心，画面视觉效果强烈。空间氛围强烈、主题表达直观是其一大亮点。画面以暖调为基础，通过台阶和装置过渡出丰富的层次变化，画面内容丰满，需要有扎实的绘画功底和透视能力。植物与建筑环境的结合，使得两者相得益彰，彼此衬托。

· 范例评析：Z 学姐（中央美院硕士）

这一方案的视角大胆，画面具有很强的感染力。作为快题中的效果图，完成度已经相当高；人物的绘制衬托出了空间的体量感，疏密有序；空间关系处理恰当，主次分明，不得不说作者对空间的设计思路非常清晰，对画面整体的掌控力也非常好。效果图的画面非常重视氛围的呈现，这张图里表达的人们在空间中游玩观赏的状态很到位。

· 范例评析：Y 学姐（中央美院硕士）

快题的构图新颖，主题明确，能从效果图中感受到空间的尺度，将该方案展示得直观全面。同时，在颜色上可以适当借鉴，干净清新的卷面表达，注重结构方面的展示，可以节省考试时的绘制时间。建筑尺度表达准确，在画画中要格外注意制图规范，尤其画面中有人物出现时会更加明显。

· 范例评析：W 学姐（中央美院硕士）

在方案的展示中，效果图占有很大的比重，所以一个好看的效果图非常重要，右边这张图就是典型的出彩效果图。那么好看意味着首先透视没有问题，色彩表达良好，能很好地凸显出空间体积。主入口、道路、人物的表达，不仅丰富了画面效果，也充分展示了设计理念。

图 5-5　广场景观设计手绘范例（三）

5.2

滨水景观空间设计手绘表达

滨水景观是常见的景观空间类型，作为城市生态环境和城市生态空间的重要组成部分，滨水景观是城市的活力体现，能够吸引城市的居民，聚集人气。滨水景观的设计重点是滨水植物景观，因此充分重视和建设好滨水植物景观，有助于滨水环境的改变和提升。滨水景观一直是景观设计快题的热点，也是一直是被反复表现的对象。滨水景观手绘的难点在于要表达出水、陆以及水陆之间交界地带的关系。滨水景观绘制步骤及效果图如图 5-6~ 图 5-9 所示。

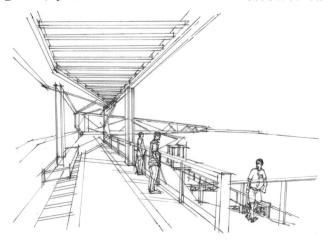

滨水景观绘制步骤（一）：铅笔起稿阶段，用 5H 的铅笔把各透视和轮廓关系轻轻确定下来，从大的透视和结构关系开始上墨线。

滨水景观绘制步骤（二）：在大的透视和结构关系正确的前提下，用钢笔墨线继续完善效果图的细节。

滨水景观绘制步骤（三）：完善阴影和暗部的细节，调整画面中线条的疏密组织关系，完成墨线稿的绘制。

滨水景观绘制步骤（四）：开始上颜色，从大面积的区域入手，用两支不同明度、纯度的蓝色画出天空和水体的颜色。

图 5-6　滨水景观设计步骤图（一）

滨水景观绘制步骤（五）： 根据空间的远近、植物的种类选择不同型号的绿色，完成画面中植物的基础颜色。

滨水景观绘制步骤（六）： 主色调确定后，调整画面的色彩关系，适当加入暖色系，完成木栈道和部分水生植物的颜色。

滨水景观绘制步骤（七）： 调整和丰富画面色彩关系，在大的基本色调确定后，适当加入饱和度较高的纯色，点缀画面。

滨水景观绘制步骤（八）： 丰富主体物颜色，使其具有层次变化，在协调统一中找变化，完成整体铺色，形成色调。

图 5-7　滨水景观设计步骤图（二）

滨水景观绘制步骤（九）： 调整画面的素描关系和色彩关系，使用较重的暗部和投影颜色，表现出物体的体积关系和光影关系，增强黑白灰的对比。

滨水景观绘制步骤（十）： 局部调整画面的黑白灰关系，适当加重局部的投影颜色，提升画面的对比度，局部增加细节，提高可看度。

图 5-8　滨水景观设计步骤图（三）

图 5-9　滨水景观设计效果图（一）

滨水景观绘制步骤图及效果图如图 5-10~ 图 5-12 所示。

滨水景观绘制步骤（一）： 用浅颜色马克笔画出空间透视关系、物体形体关系。

滨水景观绘制步骤（二）： 用钢笔墨线明确画面中的透视关系和形体关系。

滨水景观绘制步骤（三）： 在正确的透视和形体关系基础上，丰富线稿细节。

滨水景观绘制步骤（四）： 用占画面面积最大的蓝色马克笔铺水体和天空的基本色。

滨水景观绘制步骤（五）： 选择不同的绿色系，继续铺大面积的植物颜色，明确画面的主色调。

图 5-10　滨水景观设计步骤图（一）

滨水景观绘制步骤（六）： 完善局部颜色，调整色彩关系，确定画面色调。

滨水景观绘制步骤（七）： 用各部分较深的颜色画出暗部和投影的颜色，表现空间的体积感和光影感。

滨水景观绘制步骤（八）： 调整画面的色彩关系和素描关系，加重投影和局部暗部的颜色，提高画面的黑白灰对比关系。

图 5-11　滨水景观绘制步骤图（二）

图 5-12　滨水景观设计效果图（二）

滨水景观设计手绘范例如图 5-13~ 图 5-19 所示。

图 5-13　滨水景观设计手绘范例（一）

· 范例评析：
W 学姐（中央美院硕士）

　　如图 5-13 所示效果图用笔放松，线条狂野。可以看出来这是一张在短时间内完成的效果图，图中的植物较多，但都在形态、颜色和空间上做了不同的区分，所以才不会使植物都粘连在一起。

图 5-14　滨水景观设计手绘范例（二）

· 范例评析：
L 学姐（中央美院硕士）

　　如图 5-14 所示方案的作者用笔老练，笔触疏密有度，值得借鉴。整体构图配色也表现出了空间。画面中的上方和下方都使用重色来"压低"画面，从而突出视觉中心，增强画面对比度。

图 5-15　滨水景观设计手绘范例（三）

·范例评析：Z 学姐（中央美院硕士）

　　图 5-15 是滨水公园的景观效果图，其中有休息亭和座椅的设计元素，整个表现空间较大，视野广阔，展现了基本的功能布局。只是绘图的手法略显粗糙，不过画面整体较为活泼，如果是手绘基础较为薄弱的新手不建议用此方法，还是按照标准的尺规作图。

图 5-16　滨水景观设计手绘范例（四）

· 范例评析：
Z 学姐（中央美院硕士）

　　如图 5-16 所示效果图的氛围感很好，用笔放松。效果图的空间结构明确，但主体装置结构有些简单，在设计中可多加细节结构，将功能用途更直观地表现出来。画面中的人物状态可以学习，针对场地的具体使用方法加入可调节画面氛围的人物或动物。还有就是画面中的空间感拉开较大，可以通过对植物、人物和建筑的刻画来凸显。

· 范例评析：
Y 学姐 Z 学姐（中央美院硕士）

　　如图 5-16 所示画面的中心需要被周围的植物等其他配景衬托出来，每张效果图都要有主要表现。确定画面中的主体，在空间结构完善的情况下，适当增加植物和人物配景。图中也是一个滨水的案例，读者可以学习如何处理水与岸边的关系。主要是空间表达的积累，对于线条的处理可以尝试用放松的笔法，但不要太散乱，注意控制整体画面。

· 范例评析：
W 学姐（中央美院硕士）

如图 5-17 所示效果图中
最亮眼的是右边的红色构筑
物，为整个画面起到点睛的作
用。但画面中前面花池的异
型设计很容易被误解为透视错
误，所以尽量不要出现"奇怪"
的透视角度。

图 5-17 滨水景观设计手绘范例（五）

· 范例评析：
G 学长（中央美院硕士）

如图 5-18 所示效果图中
也是出现了以红色做点睛的
栏杆设计，给整体偏暗沉的画
面带来一点突出的色彩。作
者用笔大胆，笔触疏密有度，
画中的暗部线条过于密集，大
家可以用规整的排线来代替，
避免杂乱。

图 5-18 滨水景观设计手绘范例（六）

· 范例评析：Z 学姐（中央美院硕士）

如图 5-19 所示快题的效果图表现形式独具匠心，画面视角定位很高，可以看到场地的大面积空间。强烈空间氛围和颜色的舒适度是其一大亮点。折线形的栏杆和构筑物相呼应，整个画面的元素保持一致，整体性强。对于远、中、近景的表现也非常到位，整个画面饱满且丰富，一些层次上面的变化值得学习。

· 范例评析：S 学姐（中央美院硕士）

如图 5-19 所示方案的效果图采用高视点，空间结构尽收眼底，层次丰富；人物的绘制衬托出了空间的体量感和空间感；空间明暗关系处理恰当，体块关系很清晰。同时，画面中的色彩温暖舒适，对水体的处理简单明了，给人很明亮的感觉。画面整体表达了几个空间，从左到右，功能分区合理，设计语言表达清晰。

· 范例评析：G 学长（中央美院硕士）

如图 5-19 所示效果图的构图新颖，一点透视的空间效果明显，使得大的空间张力十足。植物的层次空间也表现得非常完美，植物的组合需要大家经常积累总结。在画面的黑白灰和空间处理上非常好，颜色使用红、橙、黄等暖色进行刻画，是非常大胆的处理，但在整体表现却很协调。

· 范例评析：W 学姐（中央美院硕士）

滨水公园的表现手法很多，但是如图 5-19 所示效果图中的设计方案值得学习，在构思中应思考在不同位置所看到的景象，使得游客在场地中可以得到更好的体验。水景边的栏杆设计也很出彩，一些新奇的创造点会吸引观者的注意，所以平时可以多积累素材，并且多练习。

图 5-19　滨水景观设计手绘范例（七）

5.3
公园景观空间设计
手绘表达

　　作为城市绿肺的公园景观着重发挥着重要的生态功能，为城市中的人们提供良好的室外活动空间。在公园景观设计中，应根据土地的原始情况进行适度改造，将城市所需的公共空间融入景观的自然场所之中，打造具有时代性的特色空间。公园景观也作为很多院校研究生快题考试的重要空间类型，因此其手绘表达应该作为园林景观设计手绘的重要专题。三套公园景观设计手绘效果图及步骤图如图 5-20~ 图 5-27 所示。

图 5-20　公园景观设计效果图

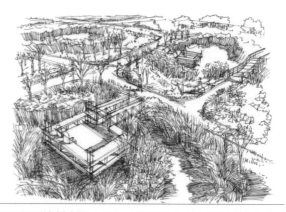

公园景观绘制步骤（一）: 用浅颜色马克笔画出空间透视关系、物体形体关系。

公园景观绘制步骤（二）: 用钢笔墨线明确画面中的透视关系和形体关系、物体的细节，完成线稿绘制。

公园景观绘制步骤（三）: 明确黄绿主色调，选择不同明度、纯度的黄色、绿色完成画面中植物的基本色。

公园景观绘制步骤（四）: 在黄绿色调的基础上，调整和丰富色彩关系，添加道路的冷红色。

公园景观绘制步骤（五）: 增加色彩，丰富画面的色调和层次关系，并适当表现体积感和光影感。

公园景观绘制步骤（六）: 增加暗部和投影的重色，加大黑白灰的对比关系，提高画面对比度。

图 5-21　公园景观设计步骤图（一）

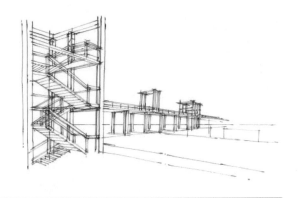

公园景观绘制步骤（一）：用浅颜色马克笔画出空间透视关系与物体形体关系。

公园景观绘制步骤（二）：用钢笔墨线明确画面中的透视关系和形体关系。

公园景观绘制步骤（三）：增加物体的细节，调整线条的疏密组织关系，完成线稿绘制。

公园景观绘制步骤（四）：明确画面主色调，从面积最大的区域入手，选择不同明度、纯度的绿色完成画面中植物的基本色。

公园景观绘制步骤（五）：增加天空的蓝色和近景的植物颜色，丰富色彩关系和层次关系，并适当表现体积感和光影感。

公园景观绘制步骤（六）：植物和天空的基本色调确定后，调整和丰富色彩关系，增加观景平台的冷红颜色。

图 5-22　公园景观设计步骤图（二）

公园景观绘制步骤（七）： 增加暗部和投影的重色，加大黑白灰的对比关系，提高画面对比度。

公园景观绘制步骤（八）： 调整画面的色彩关系和素描关系，加重投影和局部暗部的颜色，提高画面的黑白灰对比关系。

图 5-23　公园景观设计步骤图（三）

图 5-24　公园景观设计效果图

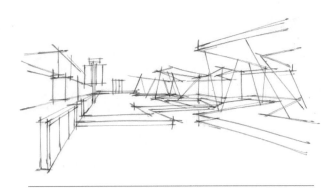

公园景观绘制步骤（一）：用浅颜色马克笔画出空间透视关系、物体形体关系。

公园景观绘制步骤（二）：用钢笔墨线明确画面中的透视关系和形体关系，完成线稿绘制。

公园景观绘制步骤（三）：选择不同的绿色系，铺大面积的植物颜色，明确画面的主色调。

公园景观绘制步骤（四）：丰富画面的色彩关系，在大色调确定后，增加对比的暖色，完成木栈道的颜色。

公园景观绘制步骤（五）：增加天空和水体的蓝色，以及远处的灰颜色，丰富色彩关系和层次关系。

图 5-25 公园景观设计步骤图（一）

公园景观绘制步骤（六）：添加少量的点缀颜色，如浅紫色和人物身上的冷红色，调整和丰富色彩关系。

公园景观绘制步骤（七）： 增加暗部和投影的重色，加大黑白灰的对比关系，提高画面对比度。

公园景观绘制步骤（八）： 调整画面的色彩关系和素描关系，加重局部投影和暗部的重色，提高画面的黑白灰对比关系。

图 5-25　公园景观设计步骤图（二）

图 5-27　公园景观设计效果图

公园景观设计手绘范例如图 5-28~ 图 5-32 所示。

图 5-28　公园景观设计手绘范例（一）

图 5-29　公园景观设计手绘范例（二）

· 范例评析：
W 学姐（中央美院硕士）

　　如图 5-28 所示的俯视的角度新颖，跌水的表现方式也独具特色，空间表现明显。透视关系较为复杂，可以试着去理解空间表达的方式，重点营造空间的氛围感。多种材质阶梯的穿插，增加了画面层次感。

· 范例评析：
Y 学姐（中央美院硕士）

　　如图 5-29 所示方案的主体物非常明显，一组曲折的座椅装置，有着蓝紫色的清新配色，与周围的背景融合的也非常完美。在画面中占有的面积虽然很大，但并不夸张，同时表现了新奇的设计想法。

如图 5-30 所示快题版式工整，方案完整，用笔放松。效果图的空间结构明确，画面空间范围很大，所以主要表现的主体物不是很明显。所以在画大范围空间的时候可以用颜色和人物强调视觉中心。

图 5-30 公园景观设计手绘范例（三）

如图 5-31 所示方案的设计和用色比较大胆，左侧红色的装置很抢眼，中间的碎石板在画面上并不好表现效果。但这张图的元素过多，表达的东西也多。大家可以学习空间环境的处理方式，以及明艳活泼的色彩方式。

图 5-31 公园景观设计手绘范例（四）

图 5-32　公园景观设计手绘范例（五）

· 范例评析：Z 学姐（中央美院硕士）

　　如图 5-32 所示效果图的空间表达非常丰富，同样是采用了一点透视，是空间效果很完整的一张效果图，天桥和地上座椅的对比、远处水景和近处装置的对比处理得很好。在不同材质上的表现也有很好的区分，色调稳定平衡，颜色搭配也很舒服。对于整个画面的明暗关系处理的也非常到位，一张画首先要确定光源，确保光源方向统一。

· 范例评析：S 学姐（中央美院硕士）

　　如图 5-32 所示方案的设计意图非常完美，画面具有很强的感染力。视角的选择也非常好，空间结构尽收眼底，层次丰富；空间明暗关系处理恰当，主次分明，不得不说作者对空间的设计思路非常清晰。装置和建筑对于视觉的拉伸感非常好，整体是一个往上的节奏方式，装置与周围环境协调，毫不违和。人物配景的加入也丰富了画面。

· 范例评析：G 学长（中央美院硕士）

　　作者很聪明，找到一个很好的空间表达的角度，不仅能感受到空间尺度，也可以很好地表达他的设计思维。画面的层次感非常好，对于空间的理解能力很强。在绘制效果图时，尽量画出契合考试题目要求的设计方案，展示得更直观全面。颜色的选择非常简单，既节省了时间，又统一了色调。

· 范例评析：W 学姐（中央美院硕士）

　　如图 5-32 所示效果图的画面完整，构图饱满，展现的面积很大，同时又能照顾好细节。在方案的展示中，效果图为主，所以冲击力强、丰富细致的效果图可增加快题的可读性，使方案展示得更深入，让阅卷者直观地了解设计的创新点。图中的透视效果非常好，在画的时候可以适当地增加透视力度，使得画面更加吸引眼球，要确定好视觉的中心点。

5.4

校园景观空间设计手绘表达

校园景观作为园林景观设计的重要组成部分，也是众多院校考研快题手绘考查的重要类型。校园景观设计不仅要发挥景观的生态功能，同时也需要呼应校园的教育氛围，为校园生活提供特有的场所。校园景观设计手绘步骤及效果图如图 5-33~ 图 5-36 所示。

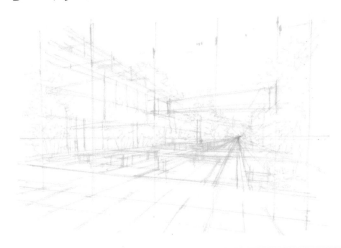

校园景观绘制步骤（一）：使用浅颜色马克笔把透视和轮廓关系轻轻确定下来，为下一步上墨线打下基础。

校园景观绘制步骤（二）：在大的透视和结构关系正确的前提下，用钢笔墨线继续完善效果图的细节。

校园景观绘制步骤（三）：完善阴影和暗部的细节，调整画面中线条的疏密组织关系，完成墨线稿的绘制。

校园景观绘制步骤（四）：开始上颜色，从大面积的区域入手，用两支不同明度、纯度的绿色画不同种类植物的颜色。

图 5-33　校园景观设计步骤图（一）

校园景观绘制步骤（五）：从面积较大的区域入手，用不同轻重的灰色画出室内、室外的地面和建筑的颜色。

校园景观绘制步骤（六）：在绿灰色调的基础上，添加天空和水体的蓝色，丰富色彩关系。

校园景观绘制步骤（七）：调整和丰富画面色彩关系，在大的基本色调确定后，适当加入饱和度较高的冷红色，点缀画面。

校园景观绘制步骤（八）：使用较重的颜色画出空间、物体的体积关系和光影效果。

图 5-34　校园景观设计步骤图（二）

校园景观绘制步骤（九）： 使用较重的绿色画出植物部分的暗部和投影，突出光感和体积感。

校园景观绘制步骤（十）： 增加暗部和投影的重色，并适当丰富层次和细节，提高对比度，强化光影效果和黑白灰关系。

图 5-35　校园景观设计步骤图（三）

图 5-36　校园景观设计效果图

5.5
居住区景观空间设计手绘表达

居住区景观设计是房地产开发设计中的一个重要组成部分，良好的配套景观设计是一个居住区品质的重要保障，也是宣传的亮点，更是消费者关注对比的重要方面。居住区的景观设计应满足居民的使用要求，除了日常的运动健身、儿童游戏、散步聊天等功能，提供休息及活动的空间场地，也能够提供居民交流的空间，还要通过景观设计的方法改善小气候，减少噪声并屏蔽不利景观因素。居住区景观设计手绘步骤图及效果图如图 5-37~ 图 5-40 所示。

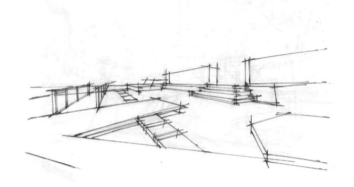

居住区景观绘制步骤（一）： 使用浅颜色马克笔把透视和轮廓关系轻轻确定下来，为下一步上墨线打下基础。

居住区景观绘制步骤（二）： 在大的透视和结构关系正确的前提下，用钢笔墨线继续完善效果图的细节。

居住区景观绘制步骤（三）： 完善阴影和暗部的细节，调整画面中线条的疏密组织关系，完成墨线稿的绘制。

居住区景观绘制步骤（四）： 开始上颜色，从大面积的区域入手，用两支不同明度、纯度的绿色画不同种类植物的颜色。

图 5-37　居住区景观设计步骤图（一）

居住区景观绘制步骤(五)： 在绿色调的基础上，适当添加冷红色的植物，活跃画面氛围。

居住区景观绘制步骤（六）： 在绿灰色调的基础上，添加天空和水体的蓝色，丰富色彩关系。

居住区景观绘制步骤（七）： 增加远景建筑的灰色，注意不要过于强调远景建筑的体积关系，做弱化、虚化处理。

居住区景观绘制步骤（八）： 使用较重的颜色画出空间、物体的体积关系和光影效果。

图 5-38 居住区景观设计步骤图（二）

居住区景观绘制步骤（九）：使用较重的颜色把画面中的暗部和阴影部分加重，突出光感和体积感。

居住区景观绘制步骤（十）：继续增加暗部和投影的重色，并适当丰富层次和细节，提高对比度，强化光影效果和黑白灰关系。

图5-39　居住区景观设计步骤图（三）

图 5-40　居住区景观设计效果图

另一套居住区景观设计手绘步骤和效果图如图 5-41~ 图 5-44 所示。

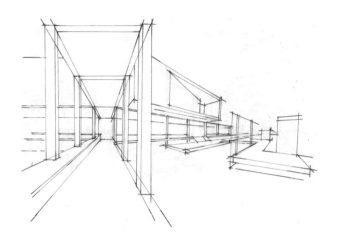

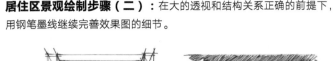

居住区景观绘制步骤（一）： 使用浅颜色马克笔把透视和轮廓关系轻轻确定下来，为下一步上墨线打下基础。

居住区景观绘制步骤（二）： 在大的透视和结构关系正确的前提下，用钢笔墨线继续完善效果图的细节。

居住区景观绘制步骤（三）： 完善阴影和暗部的细节，调整画面中线条的疏密组织关系，完成墨线稿的绘制。

居住区景观绘制步骤（四）： 开始上颜色，从大面积的区域入手，用两支不同明度、纯度的绿色画不同种类植物的颜色。

图 5-41 居住区景观设计步骤图（一）

居住区景观绘制步骤（五）：在灰绿色调的基础上，增加暖色的构筑物颜色，活跃画面效果。

居住区景观绘制步骤（六）：使用暖灰颜色表现出构筑物的体积和光影效果。

居住区景观绘制步骤（七）：调整和丰富画面色彩关系，在大的基本色调确定后，添加水体的天空的蓝色系，点缀画面。

居住区景观绘制步骤（八）：使用较重的红色画出构筑物的颜色，活跃画面，提高对比关系。

图 5-42　居住区景观设计步骤图（二）

居住区景观绘制步骤（九）： 使用各部分对应的较重颜色画出暗部和投影，
强化光感和体积感。

居住区景观绘制步骤（十）： 增加暗部和投影的重色，并适当丰富层次
和细节，提高对比度，强化光影效果和黑白灰关系。

图 5-43　居住区景观设计步骤图（三）

图 5-44　居住区景观设计效果图

居住区景观设计手绘范例如图 5-45~ 图 5-51 所示。

图 5-45　居住区景观设计手绘范例（一）

· 范例评析：
W 学姐（中央美院硕士）

　　如图 5-45 所示效果图是建筑与周围环境的关系，在用笔上非常大胆，但建筑的线条与植物的线条形成紧和松的对比，反而为整张画面更加添彩。同时空间的表达也很丰富，近远景也很好地拉开。

图 5-46　居住区景观设计手绘范例（二）

· 范例评析：
S 学长（中央美院博士）

　　如图 5-46 所示效果图的画面看起来很松弛，对植物的描绘比较丰富，整个设计思路放在了地面铺装上。通过人物的加入使场地更加有氛围感，但注意在使用曲线元素的时候要格外注意透视关系。

图 5-47　居住区景观设计手绘范例（三）

· 范例评析：Z 学姐（中央美院硕士）

　　图 5-47 是一个表现建筑与外环境关系的效果图，建筑与外界的连接用了一个水景，不仅解决了场地的地形问题，且给画面带来了生动表现。画面中暗面的调子较多，虽然表现得略显粗糙，但拉大了明暗的对比。在颜色的表现上略显沉重，应加入一些明快的颜色，提升画面效果。

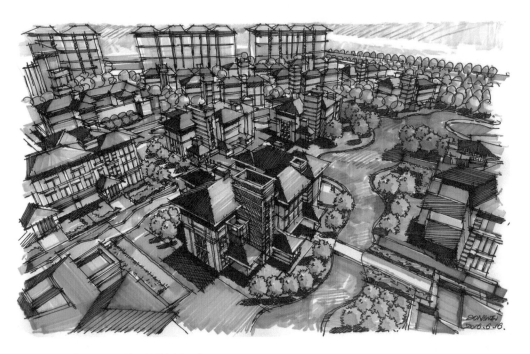

图 5-48　居住区景观设计手绘范例（四）

　　如图 5-48 所示鸟瞰图的
效果表现非常突出，将设计中
的规划想法都表达清楚，并且
与周围环境的关系也很明显。
需要平时多练习相似的角度，
并且练习空间的理解能力，才
能在考场上既快又好地表现
出来。

图 5-49　居住区景观设计手绘范例（五）

·范例评析：
L学姐（中央美院硕士）

　　如图 5-49 所示效果图整
体非常的饱满，在空间的表现
上非常完善，植物的"组团"
也值得大家借鉴，在人们经过
场地时，可以很明确地看出
植物的层次关系。画面中的
细节刻画也很好，注重氛围
感的表现。

· 范例评析：

W 学姐（中央美院硕士）

　　图 5-50 在视觉上非常突出，一个是因为颜色非常明快亮丽，还有就是构图的视觉中心安排了两个人物坐在设计装置上，很好地引导了人们的视线，并且空间的层次感非常好，铺装也有亮点。

图 5-50　居住区景观设计手绘范例（六）

· 范例评析：

S 学姐（中央美院硕士）

　　如图 5-51 所示效果图的氛围非常放松，对于植物的空间表现非常好，画面中两边和远处经常会有重颜色来衬托画面的中心，中心的细节经过刻画使得画面更加饱满。如果加入一些配景元素，画面会更丰富。

图 5-51　居住区景观设计手绘范例（七）

5.6
街头绿地景观空间设计
手绘表达

在街头绿地景观设计中，不仅要发挥景观的生态性功能，同时要考虑到其与周围公共空间的衔接，以及对于公交车站、地铁站、自行车停车空间的融合。通过景观的方式，将城市中的公共空间连接与缝合，形成一体化的空间体验。街头绿地景观设计步骤图及效果图如图5-52~图5-55所示。

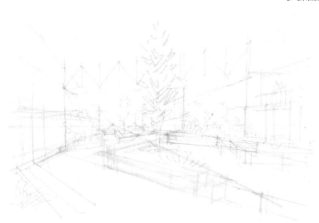

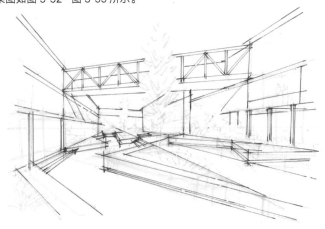

街头绿地景观绘制步骤（一）： 使用浅颜色马克笔把透视和轮廓关系轻轻确定下来，为下一步上墨线打下基础。

街头绿地景观绘制步骤（二）： 在大的透视和结构关系正确的前提下，用钢笔墨线继续完善效果图的细节。

街头绿地景观绘制步骤（三）： 完善阴影和暗部的细节，调整画面中线条的疏密组织关系，完成墨线稿的绘制。

街头绿地景观绘制步骤（四）： 开始上颜色，从大面积的区域入手，用两支不同明度、纯度的冷灰和暖灰画出建筑的颜色。

图5-52 街头绿地景观设计步骤图（一）

街头绿地景观绘制步骤（五）： 在灰色调的基础上，增加植物的绿颜色，初步形成灰绿的色彩基调。

街头绿地景观绘制步骤（六）： 在灰绿色调的基础上，增加暖颜色的橙色，拉开空间关系，并提升画面的色彩对比度。

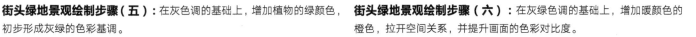

街头绿地景观绘制步骤（七）： 调整和丰富画面色彩关系，在大的基本色调确定后，添加天空的蓝色系，点缀画面。

街头绿地景观绘制步骤（八）： 使用较重的灰色强调建筑的体积和光影效果，活跃画面，提高对比关系。

图 5-53　街头绿地景观设计步骤图（二）

街头绿地景观绘制步骤（九）： 使用各部分对应的较重颜色画出暗部和
投影，强化光感和体积感。

街头绿地景观绘制步骤（十）： 增加暗部和投影的重色，并适当丰富层
次和细节，提高对比度，强化光影效果和黑白灰关系。

图 5-54　街头绿地景观设计步骤图（三）

图 5-55　街头绿地景观设计效果图

街头绿地景观设计手绘范例如图 5-56~ 图 5-58 所示。

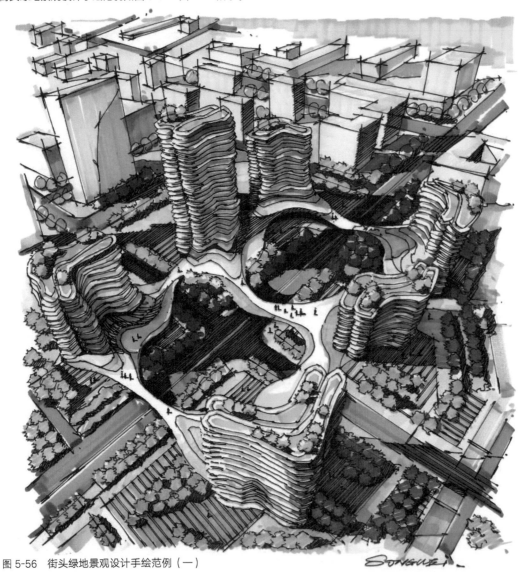

图 5-56 街头绿地景观设计手绘范例（一）

· 范例评析：Z 学姐（中央美院硕士）

　　如图 5-56 所示手绘作品绘图者经验老到，笔法纯熟，视角独到。大场景的俯视图虽然极出效果但难以控制，需要把空间感以及空间层次关系拉开，包括对透视、尺度的把握需要极其到位。处理不好则容易把空间尺度感的缺失暴露无遗。光影关系的处理、线条的把控、尺度的处理，以及黑白灰的控制体现了绘图者清晰的思路，不失为一张独特的优秀手绘效果图作品。

· 范例评析：
W 学姐（中央美院硕士）

　　如图 5-57 所示效果图空间表达完善，层次丰富，感觉是一气呵成的，快速表现建筑的体量关系。画面中的细节刻画很多，亮点也比较突出，植物与街景与人物衬托出了商业街的氛围。

图 5-57　街头景观设计手绘范例（二）

· 范例评析：
S 学姐（中央美院硕士）

　　图 5-58 所示的街头景观设计手绘，视觉中心是画面中的绿植，在两边都是建筑的同时，植物的作用便是软化空间，增加了空间层次的同时，也给画面增加了一丝活力。画面的边界线的处理也很重要，可以像图中一样进行虚化。

图 5-58　街头景观设计手绘范例（三）

第6章

城市建筑景观速写手绘

城市建筑景观速写即通常所说的建筑速写、写生，是园林景观手绘学习过程中必不可少的一个过程，对于掌握绘画技巧有很大的帮助。写生和临摹以及设计手绘不同，在写生过程中，你所要面对的是三维存在的真实物体，能够真切地感受它的体积关系和尺度关系。这和临摹的手绘练习有着本质的区别，临摹的手绘是存在于二维平面中，不能体会空间存在感，而写生类的手绘，你所面对的物体可能比你大几十倍，甚至几百倍，物体所处的环境也更加复杂多变，这就要求手绘练习者有一个良好的空间感和尺度感，以及良好的取舍和处理画面的能力。

本章将展示本书作者的欧洲城市建筑速写手绘、中国传统建筑速写手绘以及北京建筑速写手绘等部分范例手绘作品。

欧洲城市建筑风景速写手绘样例如图 6-1~ 图 6-12 所示。

6.1
欧洲城市建筑
速写手绘

图 6-1　意大利威尼斯贡多拉游船（Gondola) 船坞（一）

图 6-2　意大利威尼斯贡多拉游船（Gondola）船坞（二）

图 6-3　意大利米兰教堂建筑

图 6-4　意大利米兰莱科（Lecco）小镇（一）

图 6-5　意大利米兰莱科（Lecco）小镇（二）

图 6-6　意大利米兰莱科（Lecco）小镇（三）

图 6-7　意大利米兰莱科（Lecco）小镇游艇

如图 6-4 至图 6-11 所示，短时间的城市建筑速写不能看到什么就画什么，要避免面面俱到，表现时要抓住重点，对感兴趣的焦点进行表达，表现出速写的特征，避免画面匠气、不生动。

图 6-8　意大利罗马教堂建筑

图 6-9　意大利威尼斯建筑装饰

图 6-10　意大利米兰莱科（Lecco）小镇（四）

图 6-11　意大利威尼斯贡多拉游船（Gondola) 船坞上色图（一）

· 范例评析：
Z 学姐（中央美院硕士）

　　图 6-11 是水城威尼斯的速写手绘，表现的是威尼斯特有的交通工具贡多拉游船停靠在岸边的场景。流畅的线条和肯定的用笔表现出作者的深厚手绘功底，以船作为前景，层次丰富，细节深入，表现得十分到位。画面中并没有通过浓重的颜色来表现光影和体积关系，而是用线条的疏密关系来表达，并用马克笔适当地进行颜色渲染。

· 范例评析：
W 学姐（中央美院硕士）

　　一幅优秀的城市建筑速写可以通过画面使观者感受现场的氛围，犹如身临其境。这幅威尼斯的建筑速写通过构图的布局、线条的组织、颜色的搭配、细节的刻画使得画面主次突出，粗中有细，近景和远景空间关系明确，线条流畅、疏密组织得当，很好地表达出场景的空间感和光影感。

图 6-12　意大利威尼斯贡多拉游船（Gondola）船坞上色图（二）

· 范例评析：
S 学姐（中央美院硕士）

　　有些建筑速写作品是对着照片画的，看到什么画什么，很容易画得拘谨、匠气，缺少主观概括。图 6-12 在画面的布局上，上明下暗、上纯下灰，上粗下细，节奏富有变化。在画面的处理上，有繁有简、有张有弛，有松有紧，处理得十分舒服，也富有画意。

· 范例评析：
L 学姐（中央美院硕士）

　　与一般的建筑速写相比，图 6-12 的画面中并没有表现得面面俱到，而是把笔墨都集中到船上，主次区分鲜明。在颜色方面，色彩明亮，对比鲜明，视觉冲击力强。在用笔上，马克笔的用笔与块面结合到位，笔与笔的衔接自然，用笔肯定果断，笔触处理娴熟，具有很强的表现力。

6.2

中国传统建筑速写手绘

中国传统建筑在世界建筑史上占据着重要地位，一砖一瓦之时，一榫一卯之间，一转一折之际，精心雕琢凝结着匠人文化的精粹。千百年来，不同地区人们的生活环境和生活习惯的差异，在中华大地上留下了许多各具特色的建筑，以其独有的历史和文化积淀，书写着各自的故事。用手绘去记录中国传统建筑之美，去倾听古老文化的声音，去感受大国历史的厚重。图 6-13 至图 6-16 是一组天津石家大院的建筑速写。

图 6-13　天津石家大院建筑速写（一）

图 6-14　天津石家大院建筑速写（二）

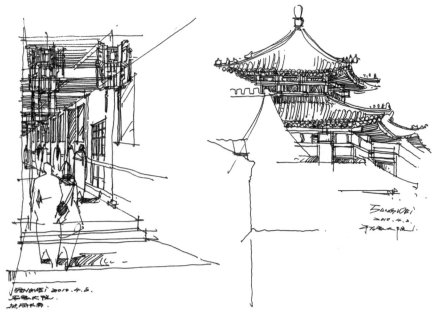

图 6-15 天津石家大院建筑速写（三）

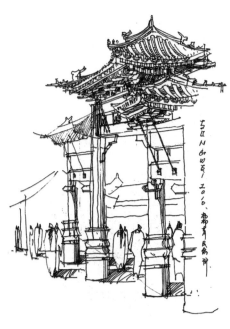

图 6-16 天津石家大院建筑速写（四）

图 6-17~ 图 6-19 是一组南方旅行速写。

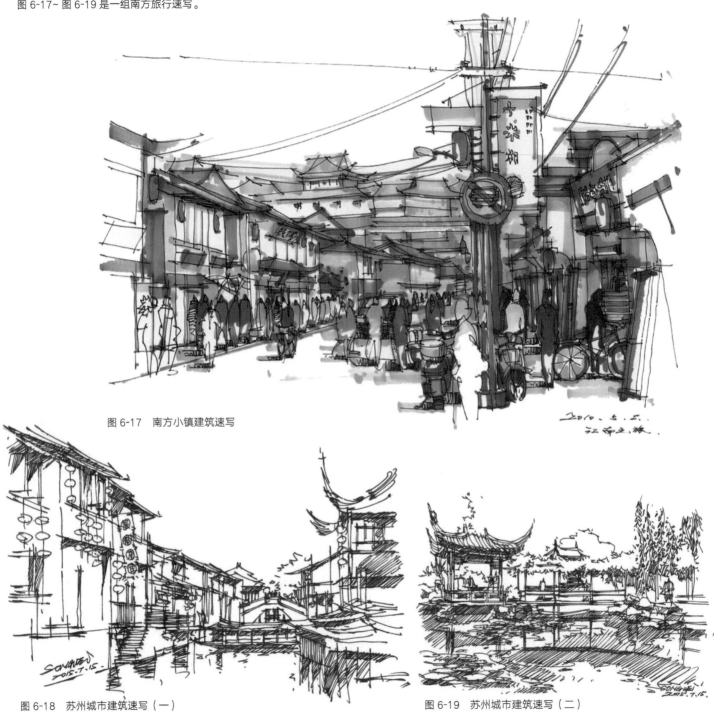

图 6-17　南方小镇建筑速写

图 6-18　苏州城市建筑速写（一）

图 6-19　苏州城市建筑速写（二）

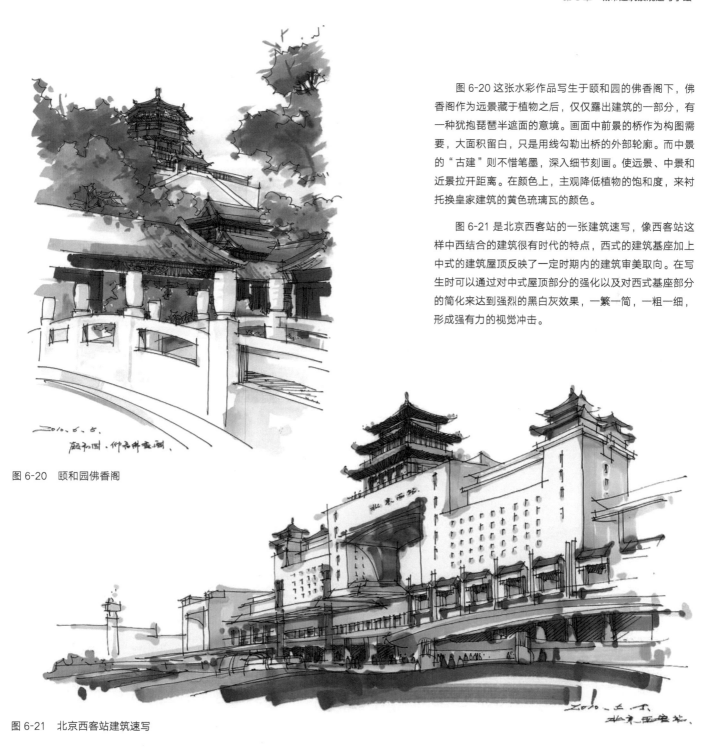

图 6-20 这张水彩作品写生于颐和园的佛香阁下，佛香阁作为远景藏于植物之后，仅仅露出建筑的一部分，有一种犹抱琵琶半遮面的意境。画面中前景的桥作为构图需要，大面积留白，只是用线勾勒出桥的外部轮廓。而中景的"古建"则不惜笔墨，深入细节刻画。使远景、中景和近景拉开距离。在颜色上，主观降低植物的饱和度，来衬托换皇家建筑的黄色琉璃瓦的颜色。

图 6-21 是北京西客站的一张建筑速写，像西客站这样中西结合的建筑很有时代的特点，西式的建筑基座加上中式的建筑屋顶反映了一定时期内的建筑审美取向。在写生时可以通过对中式屋顶部分的强化以及对西式基座部分的简化来达到强烈的黑白灰效果，一繁一简，一粗一细，形成强有力的视觉冲击。

图 6-20　颐和园佛香阁

图 6-21　北京西客站建筑速写

6.3

北京建筑（部分）
速写手绘

有些建筑是特定历史时期的作品，速写手绘时要抓住时代的风貌和建筑、装饰特点，如图 6-22~ 图 6-24 所示。

SONGWEI、2017.03.09.　　　北京展览馆、

图 6-22　北京展览馆建筑速写

图 6-23　北京西客站建筑速写

图 6-24　北京站建筑速写

第7章

园林景观快题设计手绘基础

　　快题手绘是目前大多数院校研究生入学专业考试的主要内容，也是很多设计公司入职考试的主要内容，因此，越来越多的学生开始关注和学习园林景观快题设计手绘。园林景观快题设计手绘是一套完整设计方案的手绘表达，包含了大量的信息和内容，是对设计方案预期效果的全面表达，能够传达的信息是有限的，需要结合平面图、立面图、效果图、轴测图以及分析图等一起来展现园林景观设计的思路和想法。

　　本章将重点讲解园林景观快题设计的基本类型和主要内容、评判标准、步骤及流程，以及手绘的学习方法，并系统讲解园林景观分析图、平面组织构成设计手绘（平面图）以及竖向组织构成设计手绘（剖面图、立面图）的设计手绘表达，并展示了大量的手绘范例作品，这些作品和专业评析是学生学习临摹的范例，能够帮助学生了解、理解快题设计手绘的主要内容和质量标准，对于学生的设计思维和手绘表达能力的提升有很大帮助。

7.1
园林景观快题设计的基本类型和主要内容

园林景观空间在当代多样的城市发展背景下，其不仅仅是单一的生态绿地，而且是融合了城市多样生活需求的景观场所，其包括：广场景观空间、公园景观空间、校园景观空间、庭院景观空间、居住区景观空间、街头绿地景观空间等。

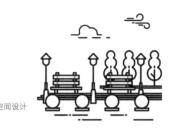
广场景观空间设计

校园景观空间设计

公园景观空间设计

广场景观空间设计：在广场景观空间设计中，要着重发挥广场空间本身的聚集与融合作用，此时空间呈现较强的包裹特性。景观不以自然植物作为空间的主体，而是以人工性较强的元素形式出现，在呼应城市环境的同时承载着城市中的公共活动。

公园景观空间设计：作为城市绿肺的公园景观着重发挥着景观的生态功能，为城市中的人们提供良好的室外活动空间。在公园景观空间设计中，根据土地的原始情况进行适度改造，将城市所需的公共空间融入景观的自然场所之中，打造具有时代性的特色空间。

校园景观空间设计：在校园景观空间设计中，不仅要发挥景观的生态功能，同时也需要呼应校园的教育氛围，为校园生活提供特有的场所，需要以学生为核心所涉及的不同时间、不同内容、不同年龄与不同类型和空间营造相结合。

庭院景观空间设计

居住区景观空间设计

街头绿地景观空间设计

庭院景观空间设计：在庭院景观空间设计中，一般会针对特定的人群，所以要深度挖掘庭院景观所服务者对空间的喜好与需求。并且根据空间所在地的植物生长情况，营造出具有"桃花源"特质的空间，将庭院空间私密、独特的性格呈现出来。

居住区景观空间设计：在居住区景观空间设计中，其一般服务于固定的人群，尤其要关注对于老人与儿童等需关怀群体的特定空间设计。通过老人与儿童的行为习惯与需求来确定场地的设计理念、场地的内容与场地内的植物种植，营造出具有人性化的户外活动空间。

街头绿地景观空间设计：在街头绿地景观空间设计中，不仅要发挥景观的生态性功能，同时要考虑到其与周围公共空间的衔接，以及对于公交车站、地铁站、自行车停车空间的融合。通过景观的方式，将城市中的公共空间连接与缝合，形成一体化的空间体验。

　　园林景观快题设计的内容（图 7-1）没有一个统一的规定，一幅完整的园林景观快题设计大致可以分为如下几个部分：标题、版式、平面图、立面图、剖面图、效果图、分析图以及设计说明，部分快题设计还需要表现轴测图、节点图等。对于初学者来说，在进行园林景观快题设计时，可以先进行专项练习，熟练掌握后，再进行整张快题设计的练习，这样可以事半功倍。

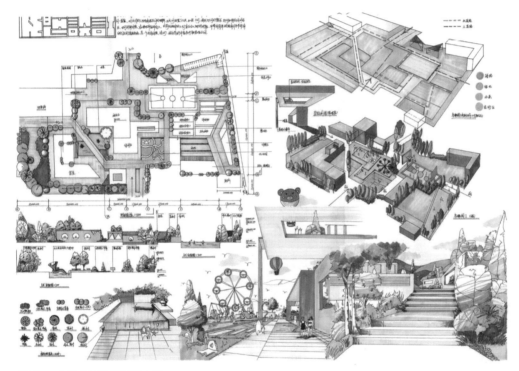

①分析图设计

②总平面图与平面图设计

③剖面图、立面图设计

④空间效果图设计

⑤节点设计

⑥植物配置设计

⑦创意设计说明

⑧鸟瞰图设计

图 7-1　园林景观快题设计内容

　　①分析图设计。分析图设计是对解题思路的快速呈现，可包括：结构分析图、空间布局分析图、道路分析图、植物种植分析图等。

　　②总平面图与平面图设计。总平面图与平面图设计是对场地的总体布局与结构性设计，是对整体空间问题的解决与规划，在设计中是重中之重。

　　③剖面图、立面图设计。剖面图、立面图设计是对场地竖向空间的表达，在剖切选取中要着重体现整体空间的连贯性与具体空间的特性。

　　④空间效果图设计。在空间效果图设计中，要选取切合题目要求且具有特性与设计深度的空间节点来进行呈现。

　　⑤节点设计。在节点设计中，选取空间结构中的汇聚点，将其与主题相匹配，并进行重点刻画，做到主次分明。

　　⑥植物配置设计。植物配置设计要表现整体空间的生态性与具体空间的独特性，深度挖掘场所的植物特性并与空间结合。

7.2
园林景观快题设计
手绘的评判标准

快题设计手绘作为体现专业能力的重要部分，是针对性的考查学生的综合能力。一幅完整的快题手绘中，学生的设计能力、快速构思能力以及手绘表达能力，缺一不可。在有限的时间内，如何利用所学的基本知识以及恰到好处的表现技巧呈现出一幅能充分展现自己能力的快题作品，是众多考生面临的问题。因此在快题的绘制中，时间安排、绘制步骤、制图规范、创意的设计思维就显得至关重要。

切题性：切题性是一幅手绘快题作品成为高分试卷的基本立足点，不切题、不审题的快题作品无论技巧的表现有多绚烂，都拿不到一个好的分数。所谓切题、审题简单理解就是表达题目所要求的内容，这不仅包括题目中所给出的设计主题或是概念，同时也包括图纸的具体要求，如数量、图纸类型、表达要求等。

规范性：作为空间设计的学习者来讲，制图规范以及尺度问题是永远绕不开的话题，尤其尺度问题，包括空间上的、带有普通认知尺度的物体上的，或是单纯的比例问题，这些都能暴露出绘图者基本功是否扎实。一幅作品的美丑或许含有主观的判断因素，但规范及尺度却是存在正误的。一些基本的制图规范以及尺度出错会拖累整幅画面，成为失分点。

完整性：画面的完整性是快题作品最基本也是考试中最应该首先做到的，一幅作品无论设计有多优秀，只要画面不完整，表达缺失，都不能取得高分，甚至难以过分数线。所以快题设计中的完整性就显得至关重要，只有完整的作品才能进入竞争高分的行列，包括题目中所要求的表现内容应全部体现在画面之中，不能省略。

创意性：在快题设计中，创意点、设计能力、审美能力都是非常重要的。尤其在近些年趋同的画面中，如果出现有创意的、有亮点的快题作品，不失为争夺高分的一个有利因素。快题的设计方案要在符合基本的空间原理，功能使用上进行合理创新，所以创意性必须要建立在整个方案的合理性之上，切忌天马行空的想法。

基础性：透视、构图、结构等基本功相当于一幅优秀快题作品的"骨架"，"骨架"出错的话，就无法支撑起快题作品。正确的透视，有逻辑的、有审美的构图以及准确的结构能给人以良好的第一印象。许多同学沉迷于技巧的表现，丢失了基本功，整幅画就算用力再猛，也不能被称之为一幅好的快题作品。

效果性：一幅快题作品首先最吸引人眼球的方面就是整体画面的大效果，所谓效果包括画面的线条变化、用笔技巧、色彩表现、黑白灰关系，以及排版所带来的视觉效果等。这些因素达标的画面，才能吸引人关注其作品本身的设计，是一幅作品进入争夺高分试卷行列的最基本要求。

01　切题性 |

02　规范性 |

03　完整性 |

04　创意性 |

05　基础性 |

06　效果性 |

7.3

园林景观快题设计 步骤及流程

一般景观园林的快题设计拿到题目后，要看清时间要求，做时间规划，同时看清是否需要上色或者有无其他特殊要求。然后对题目进行分析，找到关键词。把地形和题目中给的条件进行整合总结，迅速确定方案，用铅笔先绘制设计草图和整体排版，铅笔稿完成后用针管笔上墨线，墨线完成后再上色稿。最后查漏补缺完成快题。

景观园林快题设计的步骤（图7-2）：首先就是审题，分析完题目后，结合总平面图进行标注。分析场地的地形，并且与周边环境结合，组织功能布局，确定入口与大概的交通关系以及建筑空间和景观结构。然后用铅笔快速起稿定位设计思路，确定排版布局。定位完成后再进行铅笔稿深化，确定具体的位置及尺寸，再用马克笔或其他工具丰富颜色，最后进行细节的调整和完善。

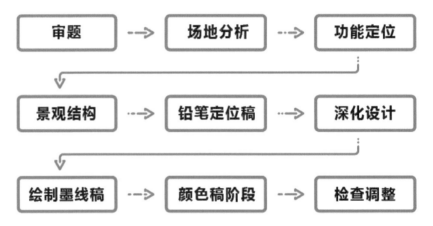

图 7-2 园林景观快题设计的步骤

景观园林快题设计的时间分配（图7-3）：每个学校考试的时间要求不同，时间越长对画面的完成度要求就越高，并且纸张大小也会有差别。比如三小时的快题大概用五分钟审题构思，半小时完成铅笔稿，一个半小时的墨线稿，最后一小时上颜色并检查画面。六小时的快题用二十分钟审题构思，一个半小时完成铅笔稿，两个半小时上墨线，一个半小时上颜色，十分钟检查画面。八个小时的快题一般用半小时完成审题构思，两个小时用来上线稿，三个小时用来上墨线，两个半小时用来上马克笔颜色和检查画面。

阶段	阶段任务	3小时快题时间规划/分钟	6小时快题时间规划/分钟	8小时快题时间规划/分钟
01	分析任务书、审题	10	30	30
02	构思方案、草图设计	20	60	60
03	绘制铅笔稿、深化设计	30	90	120
04	绘制墨线稿阶段	60	90	120
05	绘制颜色稿阶段	50	60	120
06	检查、调整阶段	10	30	30

图 7-3 园林景观快题设计的时间分配

● 0 分钟

● 60 分钟

● 120分钟

● 180分钟

● 240分钟

● 300分钟

● 360分钟

第一阶段：0 分钟，拿到考题后首先审题，划出每一句中关键信息的关键词，包括需要多少图量，不要缺漏。把题目中的信息结合到平面图上标注出来，方便进行分析。然后明确题目主题，属于哪一方面的考核，总体的设计方向、面向的人群分别是什么，联想到自己之前学习的相关知识，找到得分点和可能会扣分的点。

第二阶段：60 分钟，对任务书进行具体分析，注意有无特殊的表现要求（画出节点或制作模型）。然后进行排版设计，在规定的比例下，按照学校对平面图或效果图的重视程度，决定重点表现画面。对整体场地进行分析，包括地形、水体、建筑、周围环境等，确定大致的功能分区。然后开始勾画草图，表达设计想法，先确定主入口和次入口，流线和建筑定位很重要。

第三阶段：120 分钟，开始进入绘制铅笔稿阶段，在草图的基础上把细节、植物位置、铺装、标注位置确定出来，铅笔稿需要的时间相对较少，应该把位置先确定下来，元素符号别落下，大体的把轮廓先勾出来，需要画得比较精准，尺寸标注很明显的区域也要画出来，比如台阶、装置。植物则可以先用圆圈代替，只需要注意植物的尺寸区分就好。

第四阶段：180 分钟，上墨线稿，在铅笔稿的基础上用针管笔再描一遍，同时刻画细节并且加上标注、比例尺和指北针，注意这些重要但是容易被忽视的点。在绘画的时候把握好构图、尺度、空间的关系，在墨线上先把黑白灰表现出来，在后续的上色过程会变得更轻松。平面图、立面图、剖面图最好是一起画，设计说明可以放在最后写。

第五阶段：240 分钟，先铺大色调，确定每个物体的基色，尤其植物之间要区分开。建议大家可以马克笔和彩色铅笔混合用，先上马克笔，最后用彩色铅笔细化。使用马克笔时，争取一支笔只用一次，一次性涂完画面上所有的这种颜色再换另一支笔。把画面上需要上色的部分先涂浅色打底，让画面看起来整体保持完整。

第六阶段：300 分钟，继续深化上色部分，每个物体大概需要分三到四个层次，所以接下来要上中间和阴影的颜色。有些特殊材质可能需要具体刻画，比如水体、玻璃、不锈钢等。在上颜色时，注意色调的搭配，画面尽量整洁干净，颜色不要脏。黑色的马克笔慎用，暗影可用重灰色。上色时的笔触不宜过多，避免显得画面凌乱花哨。

第七阶段：360 分钟，对画面进行调整，查漏补缺，画面中空缺的部分可以适量加标注或元素分析，尽量使画面看起来饱满完整。检查是否有遗漏的标注和图形，完善设计说明。如果有不太满意的地方，要整体把握空间和黑白灰的关系，从宏观上用针管笔和彩色铅笔进行修整。时间充裕的话可以刻画细节，使画面更深入。

7.4

园林景观快题设计
手绘学习方法

园林景观快题设计手绘是在规定的时间内按照考试要求进行方案的概念设计和手绘表达，考查学生的解题能力、手绘表达能力以及专业知识的掌握情况。没有经过系统的学习与合理的步骤安排，很难在有限的时间内出色地完成设计方案和手绘表达，因此正确的园林景观设计手绘方法显得至关重要。

赵学姐

敏锐的洞察能力：园林景观快题设计是针对真实问题进行的空间营造，其具有较强的现实意义与社会价值。其本质是对现实问题的描绘以及解决，是考查学生对空间建造意义的理解。

综合的表达能力：园林景观快题设计需要对空间设计表达的能力，同时也需要景观专业理论与实践的深度学习能力。其需要在个人特色表达的基础上进行规范化的效果呈现，是不断学习与打磨的过程性推进。

持续的学习能力：园林景观快题设计的综合性与现实性使得这一学科需要累积性的不断学习。在设计开始之初，保持这样一清晰的认知并且在设计中贯彻下去，能够更为长久地进行设计与学习。

苏学姐

效率法：快题在后期的训练中要注意时间的掌控，一小时之内完成什么，两小时之内需要完成的内容要提前分配好，并且每次联系都要按照时间控制，提前掌握考场上的绘画速度和氛围，提高每次练习的效率。

协调法：在自己的练习中经常会使用各种各样的笔和颜色搭配，画的数量多了之后会形成自己习惯或者最好看的一套配色，一定要把握整个画面的色调，明度和对比度都要掌握好，注意整体的协调性。

合理法：快题中涉及很多的人体工程学和基本的场地要求，在制图规范上不能出现错误，一定是保证设计的合理性。还有画面的合理，根据题目的要求，完整有效地完成画面，按步骤绘画保证画面的完整性。

高学长

画面表现：画面表现是观者第一眼看到的东西，所以画面的黑白灰关系一定要突出，同时色调要保持和谐，构图一定要饱满整洁，画面整体要和谐。

色彩搭配：色彩搭配可以多尝试几种配色方案，最后沉淀两套最合适的颜色熟练使用。如果对画面的黑白灰关系处理不好，建议多练习一些素描稿，使亮面、暗面、投影的画法更加熟练。

方案设计：方案设计是重点中的重点，需要仔细审题，分析考题，避免陷阱，然后根据所给的场地条件设计出合理的方案。在快题应试过程中，每个人需要形成自己的方案体系，这样才能加快出方案的速度，从而为后续表现留出时间。

沟通与基础：如何能有效地在快题中向他人表述我们的设计作品，我们需要一套共通的设计语言。在手绘学习之初，我们只有清晰熟练地掌握快题基础，才能在后续灵活运用，进行人与作品的有效交流沟通。

练习试错：一个好的设计手绘的呈现，是线条的熟练组织，空间的正确体现，构图的精心布置与层次梳理，以及重点表达的突出。这需要我们不断练习，试错推敲，有效地将基础语言灵活运用，做到手脑合一，精准表述。

创新与升华：源于基础，脱胎基础。在熟练掌握了快题手绘技巧之后，我们可以尝试创新和升华。无论是笔触、配色、画面元素、效果图还是作品分析，我们都可以在基础上进行创新尝试，通过不同的手法和视角还原作品，呈现独特的个人风格。

基础性：手绘学习前期的基础十分重要，由点到线、由线到面、由面到体，这看似简单的基础练习，往往成为后期画图的重要影响因素。

前瞻性：手绘不仅是量的积累，更需要眼界的拓展、审美的提高、设计水平的提升，选择优秀的临摹素材和经典的设计案例十分重要。手绘能力重要，设计水准更重要，参考经典案例并结合优秀的手绘表达能力更有利于提高自身的整体水平。

持续性：从前期基础到后期提升，都需要量的积累和质的蜕变，把握正确方向，勤奋刻苦，虚心向老师请教，坚持就能有不错的收获。

表达性：当画面呈现在观者面前时，首先看到的是画面的整体表现。因此对画面的整体把控的练习是十分必要的。这体现在整体进度、整体疏密关系、明暗关系的把控，这是练习手绘首先要解决的。

设计性：手绘表达不仅仅体现在画面，更重要的是设计方案的表达，因此在练习手绘表现的过程中，更应该体现设计方案的亮点和独特性。

持续性：手绘表达不是一蹴而就的，是长时间的积累，没有经过系统的学习与合理的步骤安排，很难在有限的时间内出色完成设计方案和手绘表达，因此规范合理的手绘应该是经过持续训练的。

积累法：平时多积累新奇不俗套的素材节点、平面图、效果构图和分析图等，尽量成为画面中的亮点。多逛一些网站，养成随手保存的习惯，并且有时间就拿出来看一看、画一画。

创新法：在观摩优秀作品的时候，要多注意画面的专业性，不能局限在某一个节点。包括设计的过程中要跟进时代，勇于创新，做出眼前一亮的作品。

持续法：画快题是一个需要不断练习的过程，按照自己的水平和学校要求来按部就班地进行，要经常练习，保持手感，熟能生巧的绘图功底才能进行更好的设计。

7.5

园林景观分析图设计手绘表达

分析图在快题设计中有着至关重要的作用，分析图是思考过程的一种图形表达，方案从无到有的过程，大脑里会迸发出很多灵感，这些灵感需要你根据场地的条件来进行重组，重组的过程需要用图示的方式表达出来。分析图的种类有很多，并且没有一种固定的形式，需根据具体的情况来定，常见的分析图有功能分析图、流线分析图、元素分析图、光照分析图等，如图 7-4~ 图 7-10 所示。

详解——分析图手绘步骤

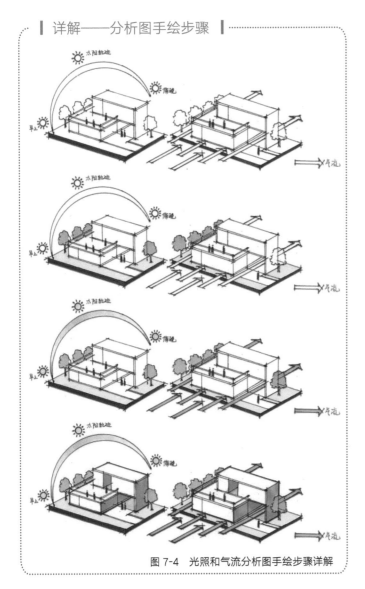

图 7-4　光照和气流分析图手绘步骤详解

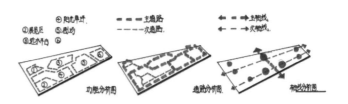

图 7-5　功能、道路和轴线分析图

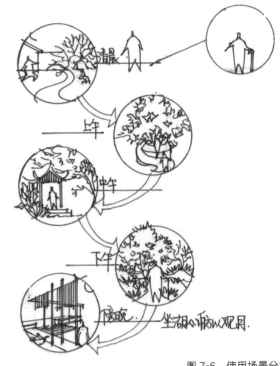

图 7-6　使用场景分析图

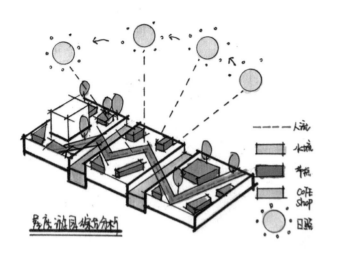

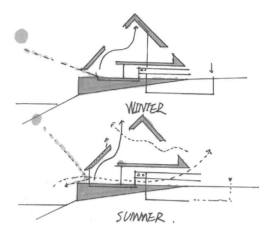

图 7-7　光照分析图

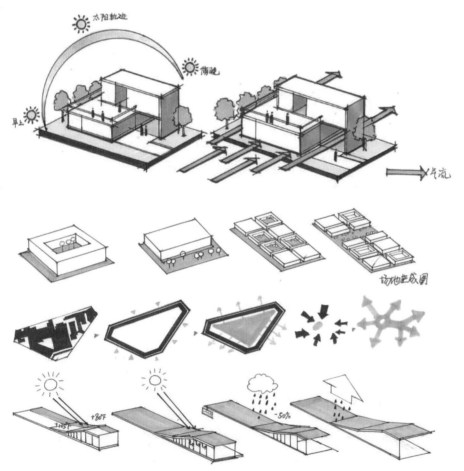

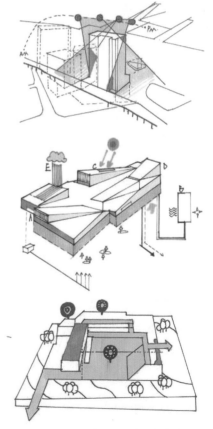

图 7-8　光照、雨水、气流分析图

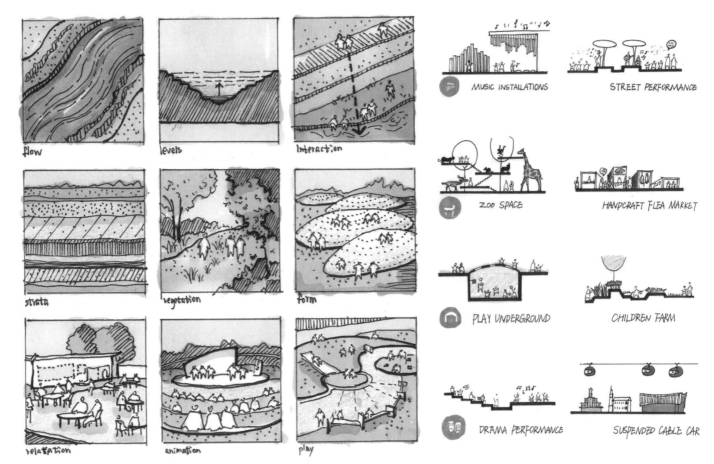

图 7-9　场地与使用情景分析图

图 7-10　情景分析示意图

　　分析图是把设计思考过程通过图示的语言形象地展示出来，分析的过程就是思考的过程，分析是设计工作的开始。对于设计工作来说，就是发现问题、解决问题的过程，某种程度来说不会设计分析，一定是做不好设计的。清晰准确的分析是正确设计的基础，也是设计师进行设计的必要依据和参考。每个设计案例基础情况不同，因此设计的分析也就不同，设计分析并没有一个固定的模式，种类多种多样，形式也千变万化，常见的设计分析包括：前期分析、基地环境分析、思维导图分析、功能分析、流线分析、视线视角分析、光照分析、空气流动分析、色彩分析、材质分析、元素分析、使用场景分析、交互分析、节点构造分析、灯光照明分析等。其中基地环境分析、功能分析、流线分析是最基本的分析，也是每一个设计方案合理可行的最基础性分析。使用场景分析图如图 7-11 所示。

图 7-11 使用场景分析图

7.6

园林景观方案平面组织构成设计手绘（平面图）

景观快题设计的平面图是评判设计好坏的主要依据，通过平面图可以看出设计的功能分区、流线是否合理。很多快题设计的平面图存在很大的问题，常见的有功能布局不合理，比例尺度不对等。在景观快题设计中平面设计时要注意强调平面的形式感以及控制好平面的素描关系。

▎ 详解——景观平面图设计绘制步骤（图 7-12、图 7-13）▎

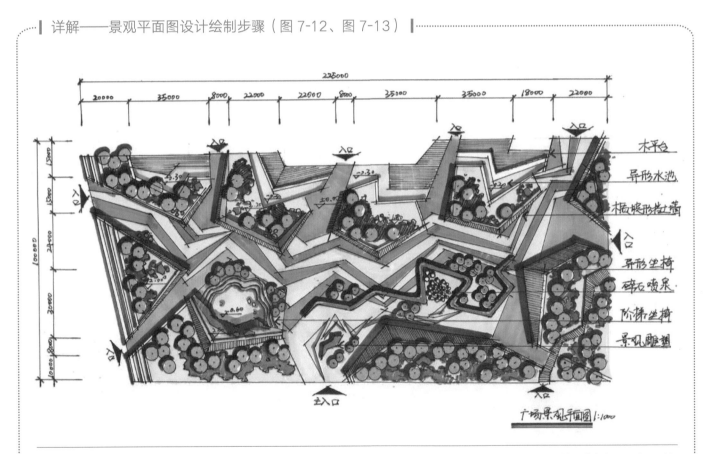

深入刻画和细节调整阶段：大面积的颜色确定后，平面图的基本色调就确定下来，在此基础上，使用每个部分相对较重的颜色，画出阴影和体积感，要注意根据物体的高低区分物体的投影大小

图 7-12　广场景观平面图手绘步骤详解（一）

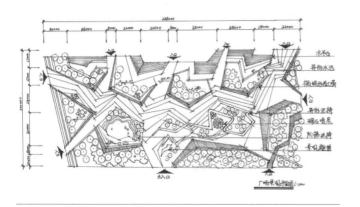

墨线稿阶段：在铅笔稿的基础上，用墨线画出平面图的结构和细节

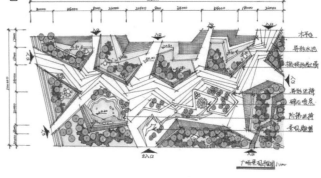

铺大色阶段：使用不同层次的绿色画出平面图中大面积植物的基础色

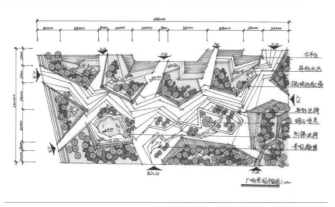

铺大色阶段：使用蓝色画出水系的基础颜色，确定平面图的基本色调

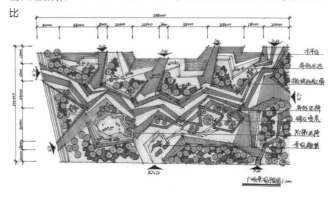

铺大色阶段：在基本色调的基础上，增加暖颜色的木纹色，形成对比

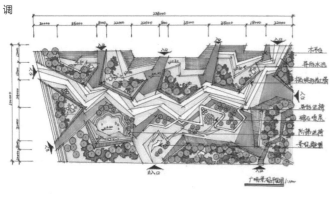

铺大色阶段：使用不同明度的灰色，完成平面图中道路的基本色

点缀色阶段：在大的色调确定后，加入少量的红色作为点缀颜色

图 7-13　广场景观平面图手绘步骤详解（二）

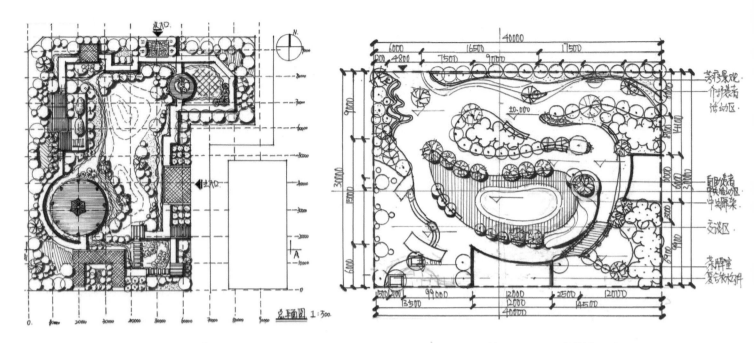

图 7-14　园林景观平面图手绘范例（一）　　　　　　　　　　图 7-15　园林景观平面图手绘范例（二）

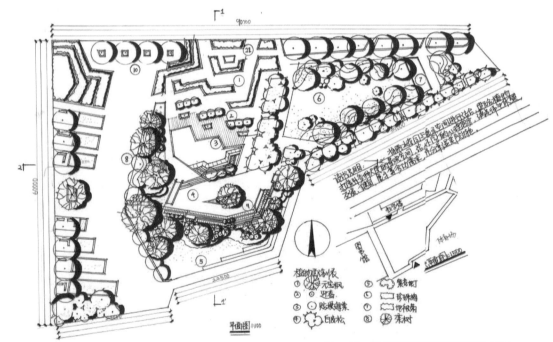

· 范例评析：
S 学姐（中央美院硕士）

　　如图 7-14~ 图 7-16 所示
这三张平面图手绘是园林景观
平面图设计常用的三种方式：
直线型、曲线型和折线型景观
布局，功能布局合理，景观结
构明确，设计语言统一，形式
感很强，局部细节的表达也十
分到位。虽然是线稿手绘，没
有颜色的衬托，但同样是优秀
的园林景观平面图手绘作品。

图 7-16　园林景观平面图手绘范例（三）

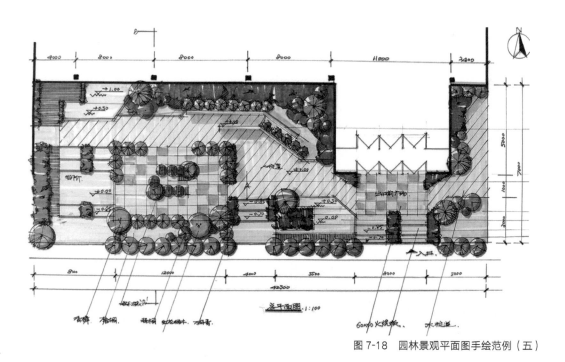

Z 学姐（中央美院硕士）

图 7-17 是居住区的景观平面图手绘，画面室内室外区分明确，主次突出，粗细有致，效果较为理想。植物的表达较为概念，但不失生动，几笔紫色的植物使得画面在色彩统一协调之中有变化。

图 7-17　园林景观平面图手绘范例（四）

· 范例评析：
L 学姐（中央美院硕士）

图 7-18 是建筑入口处的景观设计平面图手绘。整体空间布局以直线和折线为设计结构，与场地的地形十分契合，功能设计合理，布局巧妙，手绘表达到位，标注索引清晰，是一幅优秀的平面图手绘作品。

图 7-18　园林景观平面图手绘范例（五）

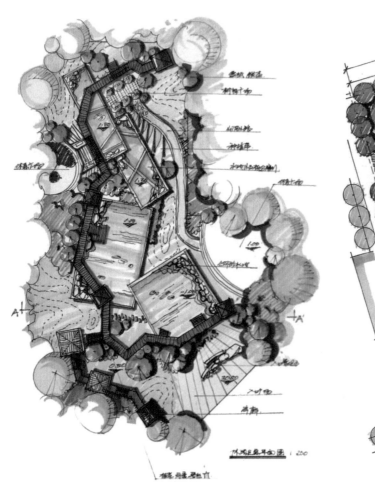

图 7-19　园林景观平面图手绘范例（六）

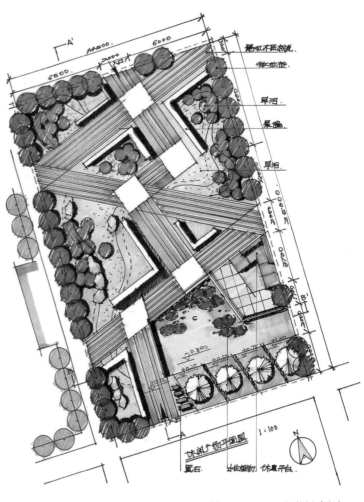

图 7-20　园林景观平面图手绘范例（七）

· 范例评析：Z 学姐（中央美院硕士）

　　图 7-19 是一个休闲景观区的平面设计手绘，整体空间布局采用自由式的三点布局，木栈道将各个功能区联系起来，整体设计感很强。在手绘表达上，植物的层次表现丰富，地被植物到灌木再到乔木的有序衔接，过渡自然。平面图整体的色调统一协调，视觉冲击力强烈。

· 范例评析：L 学姐（中央美院硕士）

　　图 7-20 是休闲广场的景观平面图手绘，以折线的道路来组织整个平面图的布局，语言统一，形式感强烈。整体空间功能布局完善，动线合理，节点设计深入细节。手绘表达方面，线稿精致到位，标注准确，文字索引清晰，色彩和谐统一，黑白灰对比明显，空间感和光影感强烈。

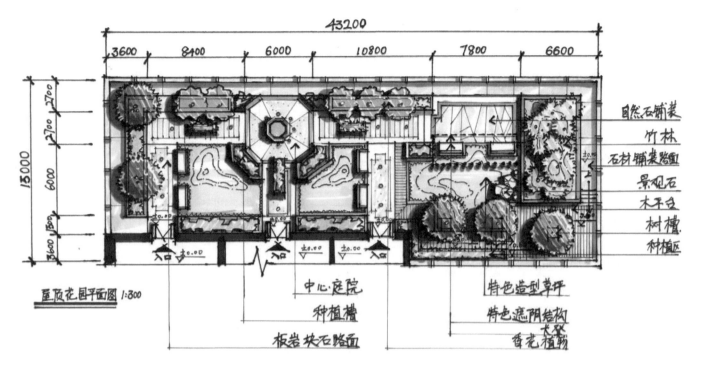

图 7-21　园林景观平面图手绘范例（八）

· 范例评析：
S 学姐（中央美院硕士）

　　图 7-21 是屋顶花园的景观平面布局图，图 7-22 是街边绿地的景观平面布局图，两张平面布局图结构清晰，功能合理，动线流畅，必备尺寸标注和文字索引使的平面图更加精致。色调统一有对比，画面效果强烈。

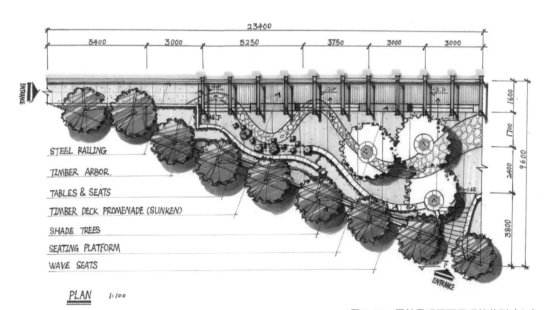

图 7-22　园林景观平面图手绘范例（九）

7.7

园林景观竖向组织构成设计手绘（剖面图、立面图）

景观的立面图和剖面图反映的是景观和建筑竖向的尺寸关系和布局情况。在画立面图和剖面图时要注意体现植物的丰富性，地被植物，草本植物，灌木以及乔木都要有所体现，并且要注意植物间颜色的区别。在进行景观剖面图的绘制时要注意，剖到的地方要画出内部的材质和结构。

详解——景观剖面图设计绘制步骤（图 7-23、图 7-24）

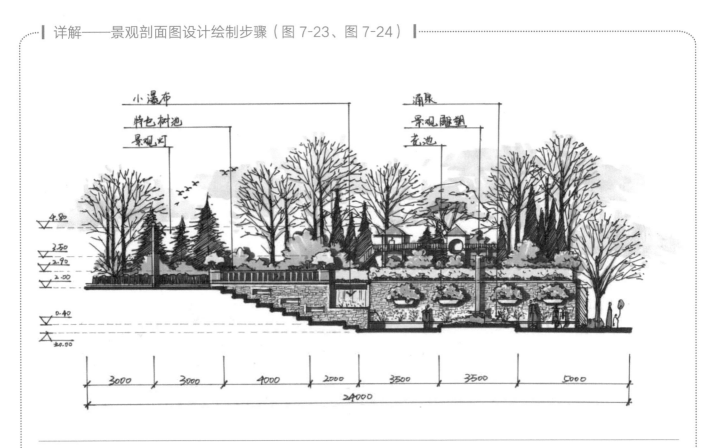

深入刻画和细节调整阶段：大面积的颜色确定后，剖面图的基本色调就确定下来，在此基础上，使用每个部分相对较重的颜色，画出阴影和体积感，要注意根据物体的高低区分物体的投影大小

图 7-23 景观剖面图手绘步骤详解（一）

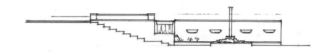

铅笔稿阶段： 使用颜色较轻的铅笔，确定出剖面图的结构和轮廓范围

墨线稿阶段： 在铅笔稿的基础上，使用墨线画出剖面图的结构线

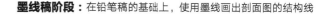

墨线稿阶段： 使用不同粗细的墨线完善和丰富剖面图的细节

标注阶段： 完成剖面图的尺寸标注和必要的文字索引，完成线稿

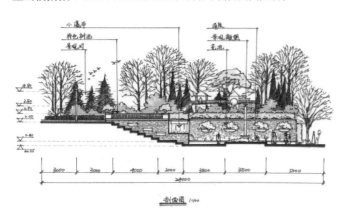

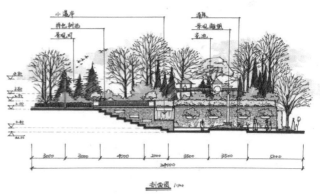

铺大色阶段： 使用不同明度的绿色，完成剖面图中植物的基本色

铺大色阶段： 在绿色的基础上，添加蓝色系和点缀的颜色，确定色调

图 7-24　景观剖面图手绘步骤详解（二）

景观剖面图手绘范例如图 7-25~ 图 7-39 所示。

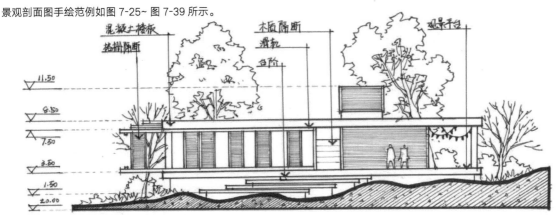

图 7-25　景观剖面图手绘范例（一）

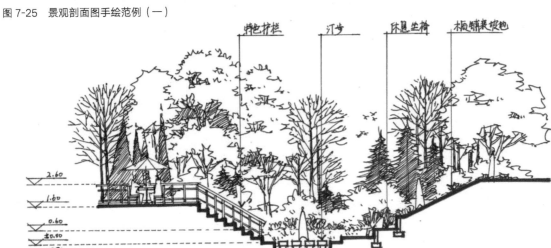

图 7-26　景观剖面图手绘范例（二）

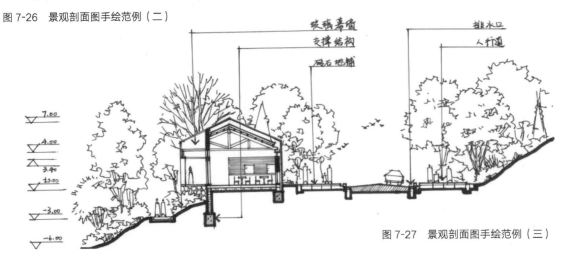

图 7-27　景观剖面图手绘范例（三）

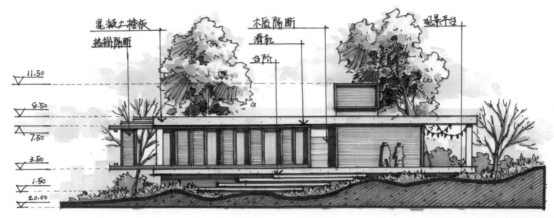

图 7-28　景观剖面图手绘范例（四）

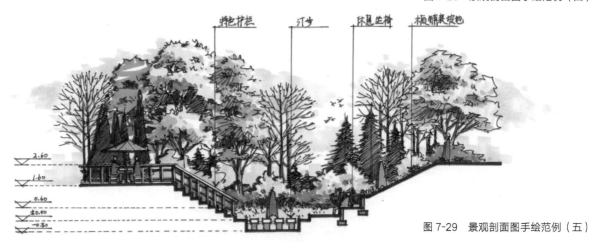

图 7-29　景观剖面图手绘范例（五）

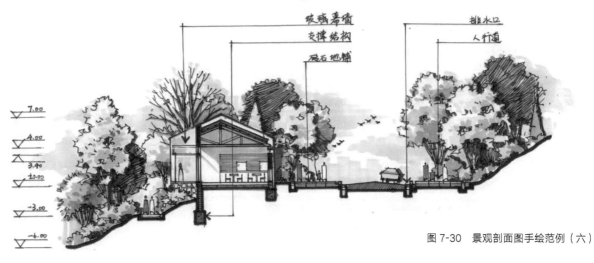

图 7-30　景观剖面图手绘范例（六）

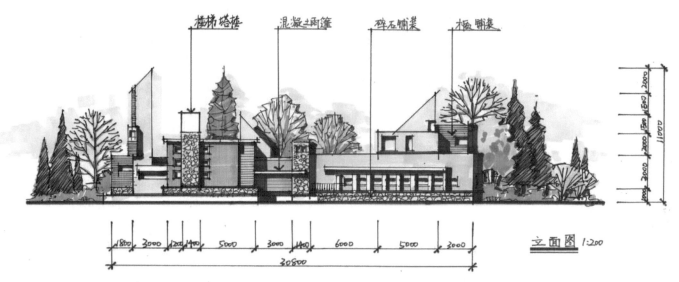

图 7-31 景观立面图手绘范例（七）

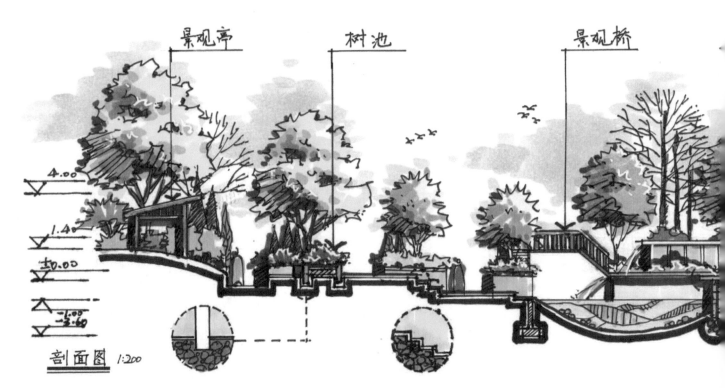

图 7-32 景观剖面图手绘范例（八）

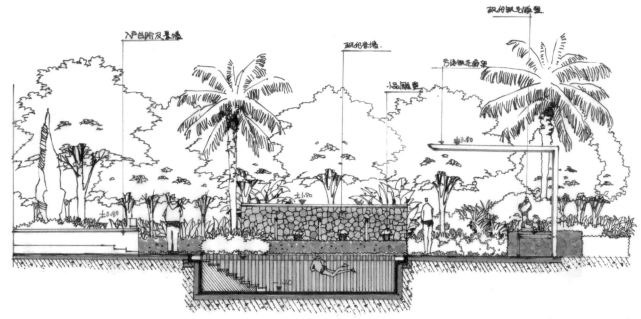

图 7-33　景观剖面图手绘范例（九）

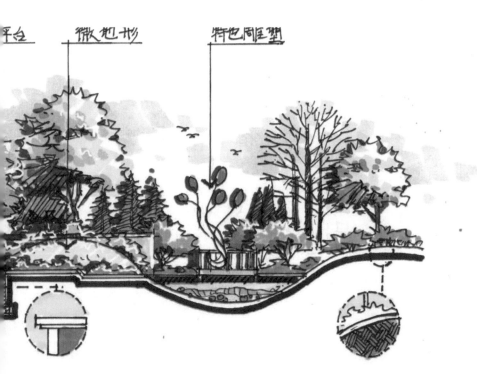

· 范例评析：
S 学姐（中央美院硕士）

图 7-31 是以建筑物为主的景观立面图设计手绘，建筑物的几何感和体块感强烈，与植物的曲线相得益彰，很好地衬托出建筑物。

图 7-32 是大场景的园林景观剖面图设计手绘，景观和构筑物的结构清晰，植物层次丰富，剖切关系错落有致，颜色搭配以蓝绿色为主，少量点缀暖色，色彩明快、画面响亮。

图 7-33 的景观剖面图手绘，重点区域通过颜色深入刻画，与背景的植物线稿手绘有所区分，讨巧的画法值得学习。

图 7-34　景观剖面图手绘范例（十）

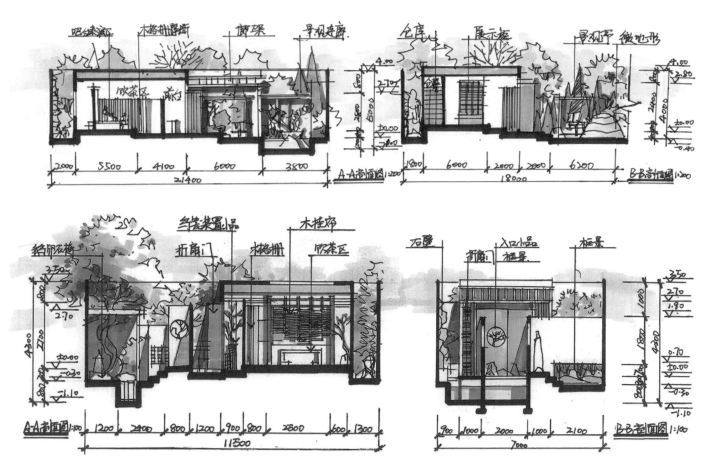

图 7-35　景观剖面图手绘范例（十一）

· 范例评析：Z 学姐（中央美院硕士）

　　图 7-34 和图 7-35 这一组景观剖面图手绘是由同一个作者所画，个人风格统一，娴熟的用笔和用色表现出作者深厚的手绘功底和丰富的经验。这一组剖面图手绘中建筑物和景观的关系处理得当，景观没有过于抢眼，很好地给建筑物起到陪衬的作用。丰富的线稿层次关系为后期上颜色打下基础，用色明快，用笔果敢，画面效果十分响亮。但在细节处理上略嫌不够，缺少局部的点睛之笔和细节刻画，但对于园林景观快题设计来说，同样是难得的剖面图设计手绘作品。

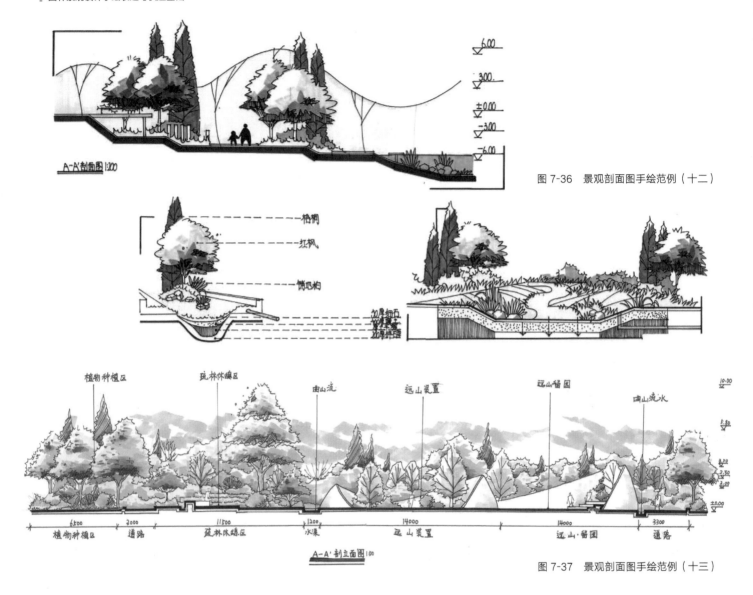

图 7-36　景观剖面图手绘范例（十二）

图 7-37　景观剖面图手绘范例（十三）

· 范例评析：G 学长（中央美院硕士）

　　图 7-36 的园林景观剖面图手绘，远景的植物的画法表现得较为概念，加上变调的颜色，使得画面别具一格。相比之下，图 7-37 的表现手法较为具象，丰富的植物层次通过绿色调进行统一，构筑物的巧妙留白处理值得学习借鉴。图 7-38、图 7-39 这组剖面图手绘植物的绿色系选择得恰到好处，色调统一之中又有丰富的变化，尺寸标注和索引文字使用不规范，略显随意。

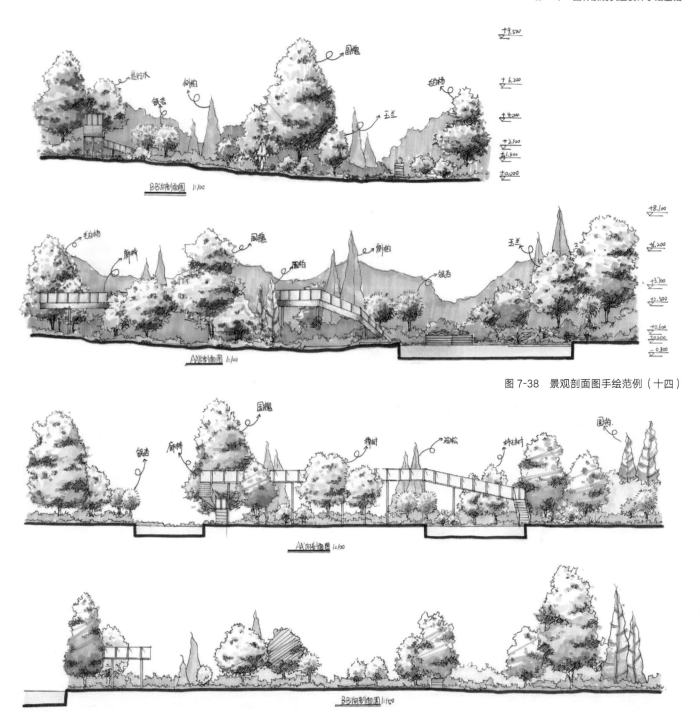

图 7-38 景观剖面图手绘范例（十四）

图 7-39 景观剖面图手绘范例（十五）

第8章

园林景观快题手绘步骤方法及范例评析

　　快题手绘是园林景观设计专业考研、就业入职考试的主要考查方式，是考查学生对专业知识的基本掌握能力和设计表达能力，也是设计专业学生、设计师要掌握的基本技能之一。目前几乎所有的院校研究生入学考试中专业基础都是以快题手绘的形式来考查，虽每个院校具体的考试要求不一样，考试的难易程度也不一样，但都是通过快题设计手绘考查学生基本的设计思维、设计能力和手绘表达能力。正确的快题绘制步骤是手绘学习的关键，养成良好的绘图习惯，提升快题手绘的速度和效率，这对于考研的学生而言，至关重要。

　　本章将重点讲解园林景观快题手绘的步骤、方法，并展示清华美院、中央美院、北京林业大学等院校园林景观专业考研快题手绘的范例作品，并邀请 10 余位中央美术学院风景园林专业硕士、博士研究生从不同角度对每一张快题进行的评析。这些作品是读者学习临摹的范例，能够帮助读者了解、理解快题设计手绘的主要内容和质量标准，对于读者的设计思维和手绘表达能力的提升有很大帮助。

8.1
园林景观快题手绘
线稿范例与评析

园林景观快题手绘中的线稿决定了整张快题的版式布局、位置、大小关系，以及线条的疏密组织等。良好的线稿手绘本身就具有表现力和观赏性，当然，为了视觉效果强烈，适当的上色能够更加全面直观展示设计方案的意图和效果，不过优秀的线稿能够为后期上色减少大量工作，减少颜色的反复叠加和修改，即使是简单的平涂颜色也会带来很好的视觉效果。园林景观快题手绘线稿范例如图 8-1～图 8-21 所示。

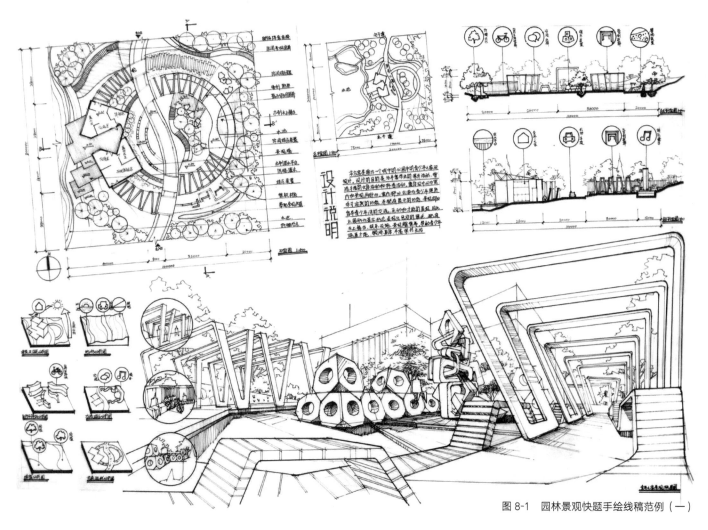

图 8-1　园林景观快题手绘线稿范例（一）

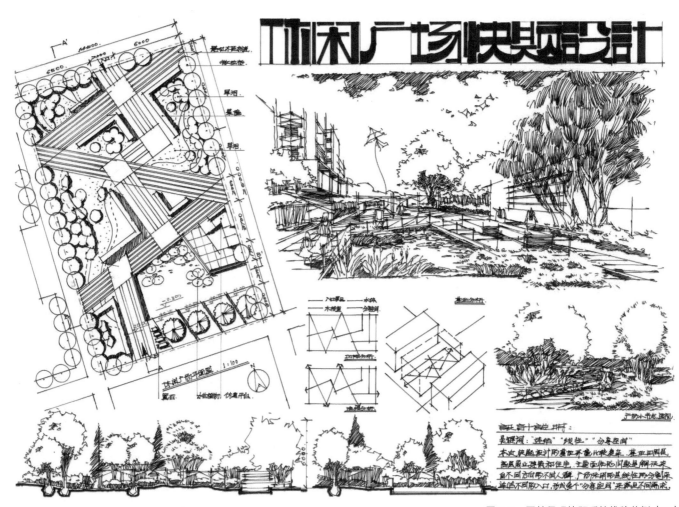

图 8-2 园林景观快题手绘线稿范例（二）

· 范例评析：L 学姐（中央美院硕士）

　　本张快题构图饱满，线条大胆流畅，体现了作者游刃有余的功力，方案中整体的构思有趣，利用折线这种形式语言贯穿画面，大胆地将场地进行划分，功能合理，布局灵动活泼，给观者"眼目"一新之感，稍有不足之处是大胆之余对于画面的线条区分不够细致，画面稍显凌乱感。

· 范例评析：Z 学姐（中央美院硕士）

　　此套快题完整性较强，一气呵成，着墨极多，效果图以及立面的场景氛围也比较充分。但在构图的处理上稍有不足，平面图的倾斜没有"理由"，画面之中其他的图纸都是正放，平面图斜放就稍显突兀了，且线条的排布稍显杂乱，可以适当简化对植物的处理，把笔墨更多地用在画面的设计亮点之上。

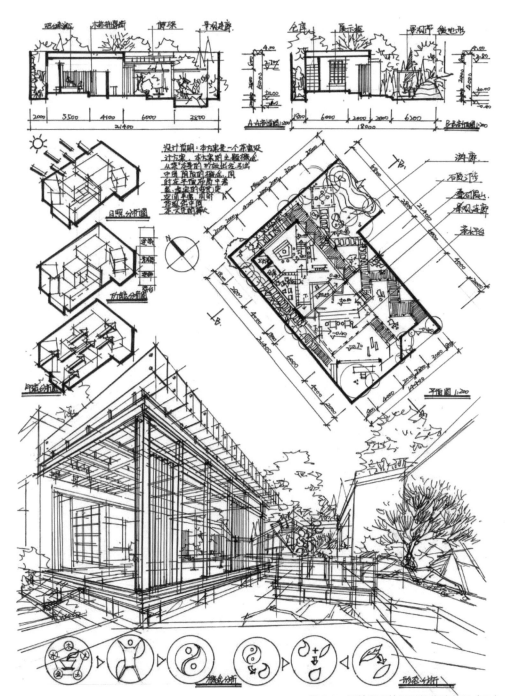

· 范例评析：
W 学姐（中央美院硕士）

如图 8-3 所示快题版式工整，方案完整。效果图的空间感强，结构明确，但构筑的结构线稍显有些烦琐，适当注意前后遮挡关系以及疏密关系的细节，适当收笔，整幅画面会更加干净简洁。

· 范例评析：
S 学长（中央美院博士）

该方案的作者用笔老练，线条刚劲有力，值得借鉴。画面非常饱满，内容量足且丰富，传达出的设计理念信息量很大。美中不足是效果图稍显杂乱，可以稍稍简化一些，软硬结合，以达到更佳的效果。

图 8-3 园林景观快题手绘线稿范例（三）

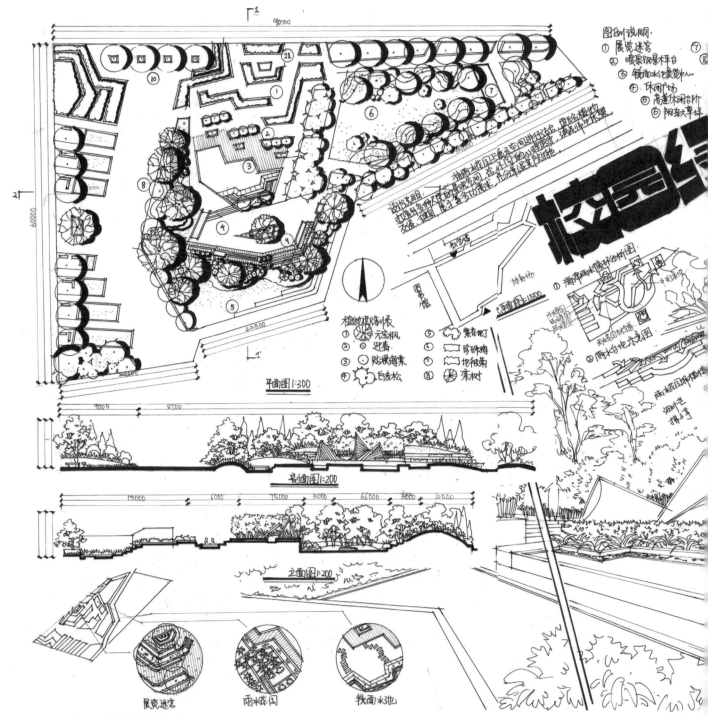

图 8-4　园林景观快题手绘线稿范例（四）

· 范例评析：Z 学姐（中央美院硕士）

如图 8-4 所示快题的效果图构图非常别致，画面视觉效果强烈。其空间氛围强烈，主题表达直观是其一大亮点。其效果图很注重氛围感的营造，通过人拍照的方式，以及其他参与方式，在效果图中渗入了浓重的"人"的气息。分析图也分析了人的视角。整体方案注重使用感受，值得借鉴，在制图方面，尺寸标注不太完整，需要注意。

· 范例评析：S 学姐（中央美院硕士）

如图 8-4 所示快题画面丰富，有较强的感染力，通过醒目的标题以及效果图，清楚地展示出了校园绿地设计的主题。主题明确，也就是发力点正确，保证了整幅快题不会跑题，在快题中，同学们也可以通过增加醒目标题的方式来点名主题。方案方面展示得较为充分，通过分析图的形式，把设计想法表达得较为充分。但排版上，各个图纸区分不开，容易发生识读错误。

· 范例评析：G 学长（中央美院硕士）

如图 8-4 所示快题画面表达清楚，设计点明确，主题清晰，是一幅较为完整的快题手绘作品，平面图以及效果图的设计语言、造型较为统一，整个画面有很丰富的设计感。图纸的叠压处理稍显不足，有些杂乱，可以适当地进行规整。包括效果图的植物线也可以适当收敛，清晰即可，把笔墨更多用在场地的亮眼设计点中。

· 范例评析：W 学姐（中央美院硕士）

如图 8-4 所示快题平面构成形式十分有序，疏密有致。呼应场地形状的同时遵循了基本的平面构成法则。用折线这一设计元素贯穿整个快题中，让校园绿地设计在变化中有一致性。大小不同的地块分隔明确了不同的功能，并且也采用不同的植物景观，营造更富有变化性的设计。整体设计思路很好，在线稿阶段，整体画面就十分具有张力。另外，需注意画面留白。

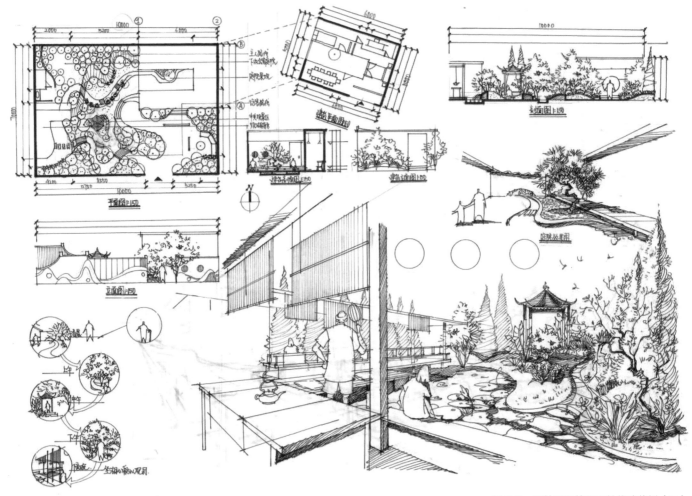

图 8-5　园林景观快题手绘线稿范例（五）

· 范例评析：L 学姐（中央美院硕士）

　　如图 8-5 所示快题作品画面完整丰富，给人良好的视觉感受，设计表达点清晰可见。效果图从室内看向室外，通过一些开放式的设计，柔和了室内外的界限，空间处理得非常好，值得借鉴。在表达内容量足够的情况下，排版应适当留白，留有喘息空间，体现了绘图者较强的画面节奏控制能力。

· 范例评析：W 学姐（中央美院硕士）

　　如图 8-5 所示快题平面采用曲线划分整个庭院空间，营造中式庭院空间。以蜿蜒曲折的路径与丰富的植物配置打造了"禅房花木深"的幽静感。在设计上可以增加更多功能，地块大小的区分可以再明显一些，增加空间的节奏感。庭院采用中式的布局，但亭子不一定必须采用古代的形制。

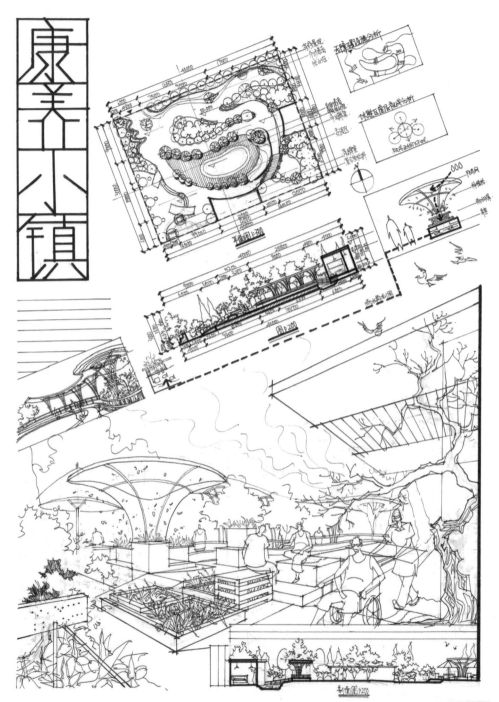

· 范例评析：
L 学姐（中央美院硕士）

　　如图 8-6 所示快题张力极强，效果图基本占据二分之一的篇幅，传达出的信息量很足，排版设计较为灵动，包括平面布局以及效果图的构筑，通过弧线的运用，增加了画面的动态感，成为画面中的亮点。

· 范例评析：
S 学姐（中央美院硕士）

　　如图 8-6 所示方案的作者用笔非常熟练，线条轻松流畅，游刃有余。画面内容生动，效果图透视非常大胆，虚实关系处理得当。从整个画面来看，构图根据占据画面最大的效果图做出倾斜改动，非常灵活，可以借鉴。

图 8-6　园林景观快题手绘线稿范例（六）

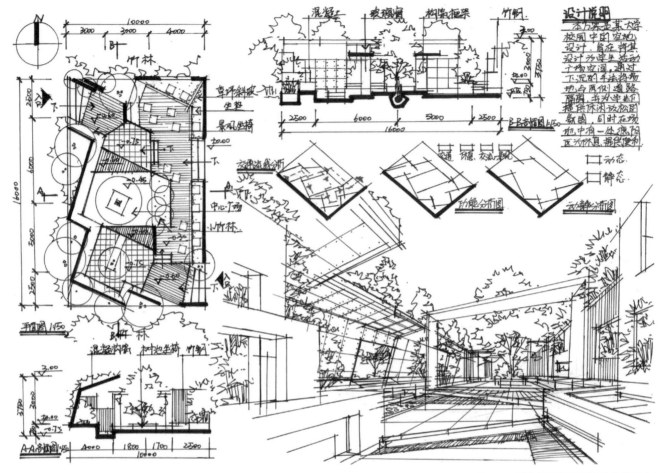

图 8-7　园林景观快题手绘线稿范例（七）

· 范例评析：S 学长（中央美院硕士）

　　如图 8-7 所示快题布局合理，动线清晰，层次丰富，巧妙地处理了功能区域与绿化区域的关系，形成了对景。通过孤植的树木点出了场地内的设计中心。这是常用的设计手法，能看出作者的设计能力较强。效果图大刀阔斧，透视效果强，通过斜置的台阶，打破单一的透视格局，表现出较强的手绘表达能力和主观处理画面能力。

· 范例评析：H 学姐（中央美院硕士）

　　如图 8-7 所示作品，无论是从设计还是从构图以及画面效果来看，都极为大胆，效果很强。但是在制图规范方面稍弱。在整体的画面中，不仅要注意透视的效果，更要注意线条的粗细变化，给整张画面带来可看性，建议对线条把控加强，重粗线条可用在物体转折处，能使得画面效果更为强烈，有主有次，不至凌乱。

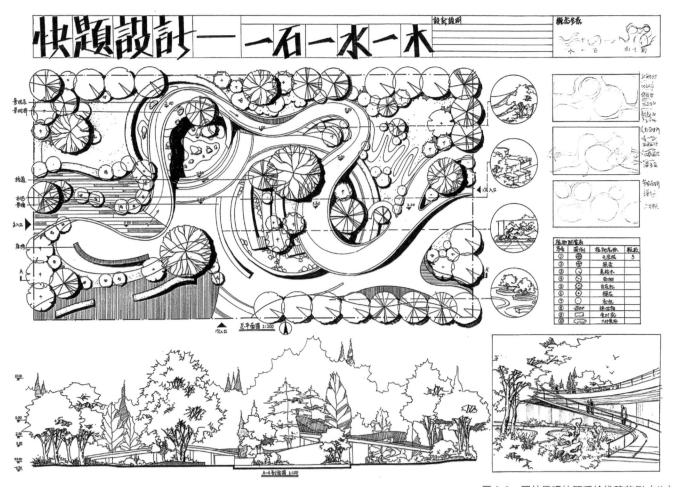

图 8-8　园林景观快题手绘线稿范例（八）

· 范例评析：Y 学姐（中央美院硕士）

　　如图 8-8 所示"一石一水一木"的快题设计是中央美术学院建筑学院风景园林专业 2019 年研究生入学考试的真题，以中国传统园林为背景，以文化公园为空间类型，以"石水木"为主题的文化空间设计。本题的场地位置、外部条件均由考生自我设定，给考生极大的自由度同时也是在考查考生对场地的组织能力。该方案空间布局合理，景观结构清晰，动线流畅，以曲线为设计语言组织空间，形式感强烈。尺寸标注和文字索引注释使用规范，制图严谨，虽是黑白线稿手绘，丝毫没有影响整张快题的效果，是一幅优秀的园林景观快题线稿手绘作品。

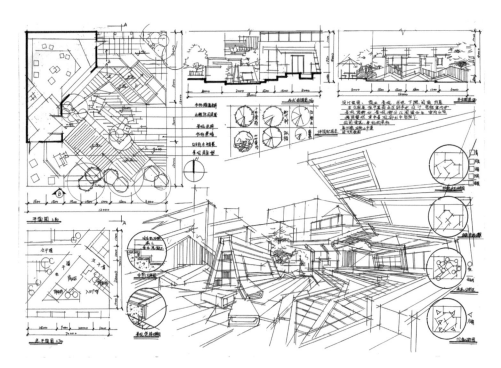

图 8-9　园林景观快题手绘线稿范例（九）

· 范例评析：
Y 学姐（中央美院硕士）

如图 8-9 所示快题构图饱满，图量极大，疏密关系把控合理。分析图以及效果图之间的叠压合理而有层次，值得借鉴。方案及效果图的表现大胆运用折线形成丰富的画面效果以及视觉冲击力。

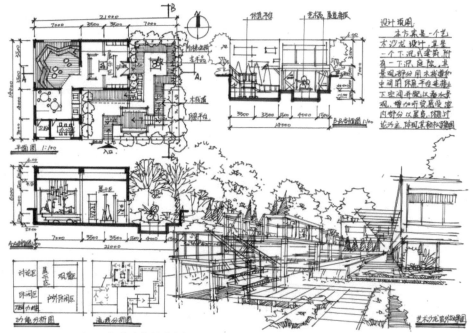

图 8-10　园林景观快题手绘线稿范例（十）

· 范例评析：
S 学姐（中央美院硕士）

如图 8-10 所示快题排版规整合理，画面的疏密关系得当，植物与建筑及构筑，软硬质结合，呈现出不错的画面效果。但设计说明所占的位置和字体稍大，若把图纸的位置留给分析图，会呈现出更加完整的设计。

· 范例评析:
W 学姐（中央美院硕士）

　　如图 8-11 所示画面版式
工整，布局合理、层次分明。
效果图大体透视合理，张力强，
但是稍显空洞，可以适当丰富
一下景观的竖向设计。适当增
加构筑物，以及座椅、人物等
元素，来增强画面的可看性。

· 范例评析:
L 学姐（中央美院硕士）

　　如图 8-11 所示快题较为
完整。平面方案较为中规中
矩，在满足基本的功能之外，
没有太多带有亮点的设计，可
以适当打破画面规矩的构图
以及规矩平面方案设计，可适
当利用折线、曲线给画面带来
活力感。

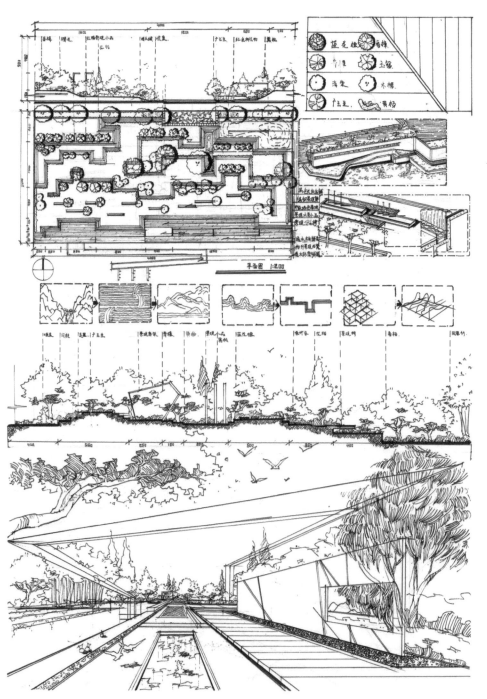

图 8-11　园林景观快题手绘线稿范例（十一）

· 范例评析：Z 学姐（中央美院硕士）

如图 8-12 所示快题的构图别具一格，"见缝插针"式的排布让其拥有了大量的图纸。室内外的设计均有考虑，用力较为平均。可以适当增加室内外关系的处理，比如"灰空间"的设计，以及室内外的联通。轴测图的底边可以加深处理，凸显整张画面的主图。连廊的处理较为草率，可以在造型上再下功夫。

· 范例评析：S 学姐（中央美院硕士）

如图 8-12 所示方案设计中，通过弯折的连廊打破原本太过规矩的空间划分，所造成的边缘空间用植物对边界进行软化，是一种很明智的处理手法，但连廊形态、宽窄可以再斟酌一下，是否需要这么大的空间去承载简单的交通功能，以造成空间浪费。平面的标注尽量写在标注线内，这样可以保证线条不"打架"，从而使画面得到进一步工整。

· 范例评析：G 学长（中央美院硕士）

如图 8-12 所示快题构图新颖别致，由于轴测图，画面产生许不规则的空白。该同学通过图纸的旋转，以及圆形、三角形的使用，充分利用了原本较难使用的画面空间，这种排版的处理方式，可以在以轴测图为主图的情况下使用，值得借鉴。另外，画面中的植物绘制，可以通过增加不同植物类型的线条，来丰富画面。

· 范例评析：W 学姐（中央美院硕士）

如图 8-12 所示作品，设计紧扣主题，图面清晰，疏密有致，排版新颖，其中占据整个图幅较大比例的轴测效果图尤为出彩，能让阅卷人第一时间清楚高效率地明了整个设计，绘图方面，作者的整个作品，透视准确，线条流畅，亦紧亦松，体现了作者扎实手绘功底。美中不足的地方，一是分析性图纸仍然可以继续精细，二是在技术性图的表达上可以更加规范严谨。

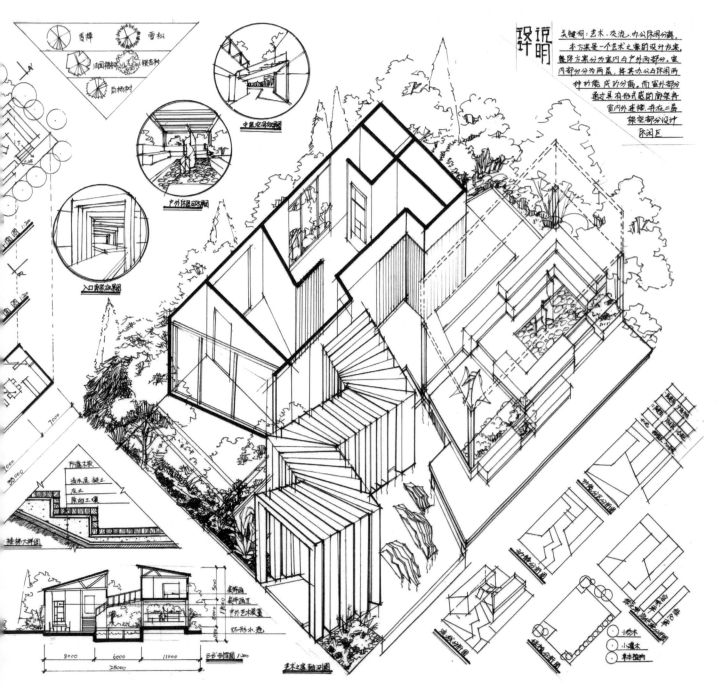

图 8-12　园林景观快题手绘线稿范例（十二）

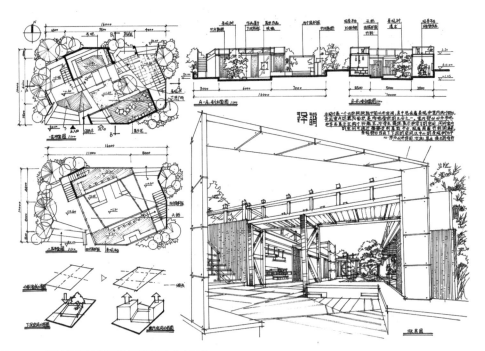

图 8-13　园林景观快题手绘线稿范例（十三）

· 范例评析：
W 学姐（中央美院硕士）

如图 8-13 所示快题的版式得体，画面干净舒适，线条收放得当。在效果图中，并没有采用单一斜一点透视，而是在前景加设两点透视的构筑物作为"框景"框，同时对效果图的边缘收放进行处理，一举两得。

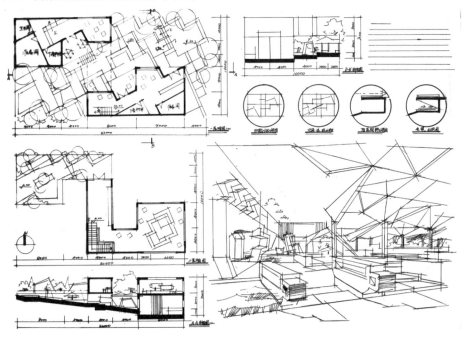

图 8-14　园林景观快题手绘线稿范例（十四）

· 范例评析：
S 学姐（中央美院硕士）

如图 8-14 所示快题较为完整的同时，存在少许问题，比如画面右下角的留白，以及平面图处理得琐碎，降低了画面可看性，另外画面中的剖面重色稍多，导致画面视觉被其吸引，稍稍失衡。

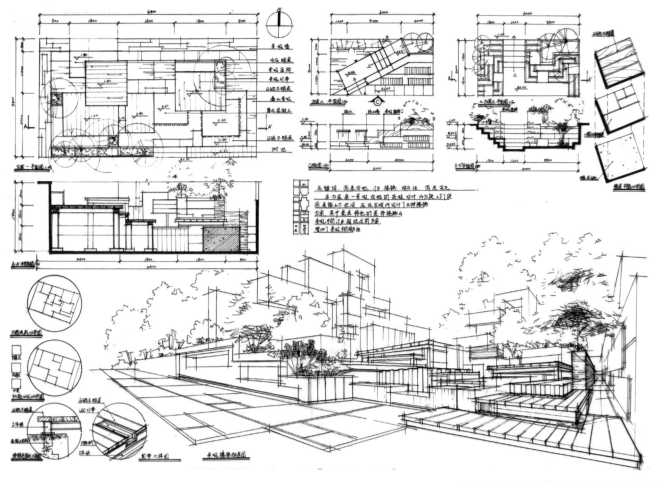

图 8-15　园林景观快题手绘线稿范例（十五）

· 范例评析：L 学姐（中央美院硕士）

如图 8-15 所示整张画面效果图占据了画面的下二分之一，大胆地采用了两点透视，两个透视点选择的距离较远，但画面较多为体块的堆积，在体块形成的基础上，建议多注重细节，赋予功能，并且注意其主次关系，区分大小，让画面有重有轻。平面图的设计也一样，平台的设计建议区分大小、主次，效果会更好。

· 范例评析：W 学姐（中央美院硕士）

如图 8-15 所示快题构图大胆，丰富饱满，图量较大，传达出的信息量也很足，美中不足就是效果图所定的视平线较高，导致地面暴露过多，难以处理，只能通过体块的堆积来进行分割，会导致整个画面较为凌乱，不整体。效果图的植物线，较为松散，没有呈现完整的形态。

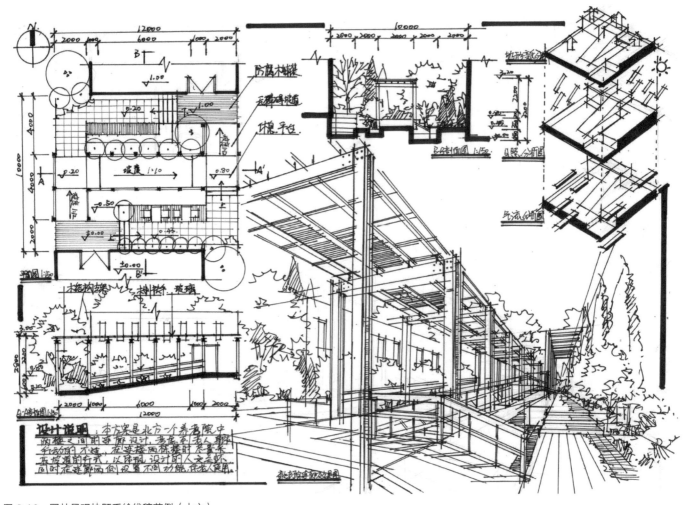

图 8-16　园林景观快题手绘线稿范例（十六）

· 范例评析：L 学姐（中央美院硕士）

　　如图 8-16 所示快题各张图纸排布较为密集，图量较大。平面中布局规整，合乎功能的使用，方案的高差变化丰富，通过铺装的不同把整个平面的疏密关系区分得比较好。在效果图中，透视大胆，视觉冲击力强，结构准确，空间丰富。不足之处是线条稍显凌乱。

· 范例评析：S 学姐（中央美院硕士）

　　如图 8-16 所示快题设计中，效果图占据了画面的主题部分，景观要素体现得较为丰富，廊架与植物的层次关系以及主次关系处理得较为得当。值得一提的是其分析图采用了立体的表达，更丰富生动，值得借鉴。另外在线条的使用上可以细致区分一下粗细、疏密关系。

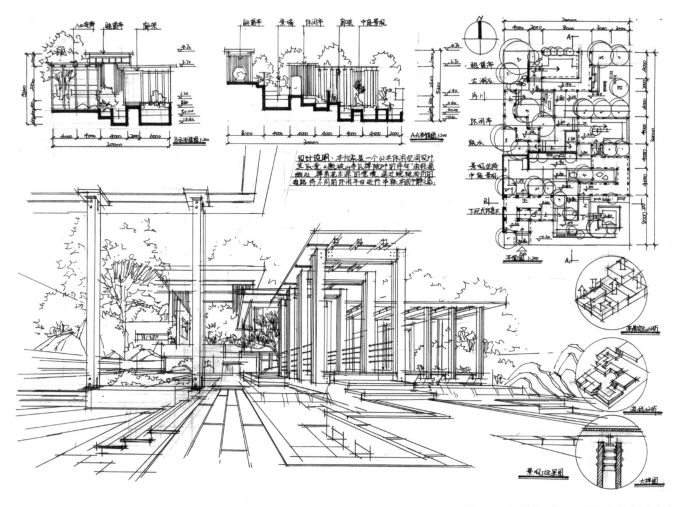

图 8-17 园林景观快题手绘线稿范例（十七）

· 范例评析：Z 学姐（中央美院硕士）

如图 8-17 所示作品，整体来说图量丰富，绘图手法娴熟，图纸表达较为严谨，透视关系明确。但是，作为展示陈列设计类的快题，其选取绘制的效果图角度并没有第一时间展示出其设计的独特之处，同时，选取一点透视的绘图手法，在现如今激烈的开始竞争环境中略显简单，不占优势。

· 范例评析：Y 学姐（中央美院硕士）

如图 8-17 所示快题完整性高，效果图占据主体，结构支撑、衔接之处较为准确，是一个对于空间结构了解较为深入的作者所画。美中不足的是，平面图的树木和植物的阴影轮廓线导致整个画面稍显杂乱，植物的阴影可以在后面上色的步骤上再进行表达，剖面图较为丰富，值得借鉴。

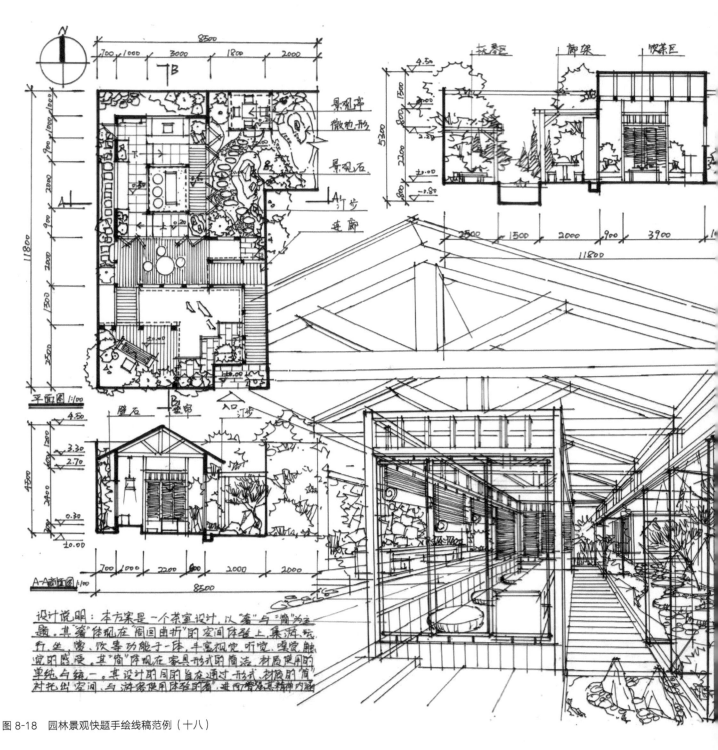

图 8-18　园林景观快题手绘线稿范例（十八）

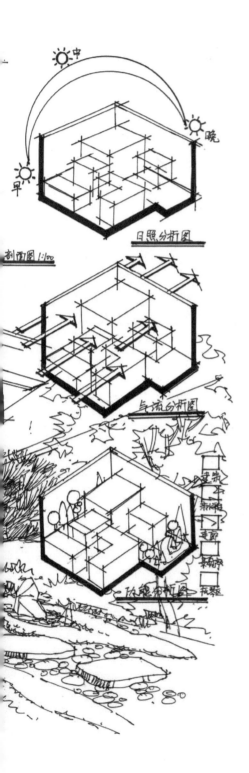

日照分析图

剖面图1:100

气流分析图

· 范例评析：Z 学姐（中央美院硕士）

　　如图 8-18 所示快题的设计中，图量大，线条丰富，作图者着墨多，传达出大量的设计信息。在平面图的绘制中，通过铺装巧妙地把室内外进行了区分，但景观造景以及植物的绘制稍显杂乱，精简处理更能突出主要设计点，并且更加简洁。效果图的线条可以稍作收敛，让整张画面更加干净整洁，增加可看性。

· 范例评析：S 学姐（中央美院硕士）

　　如图 8-18 所示图纸大胆，画面饱满，线条坚定有力但稍稍杂乱。在整张排版中分析图叠压在效果图之上，"图底"关系不是很明确，有待改善。分析图准确表达出设计内容，清晰易懂。效果图的结构准确、空间丰富，基础非常扎实。如若改进，应当区分前景物与远景物，明确遮挡关系，适当在交界的地方进行收笔，当然，能做到这种效果，已实属不易。

· 范例评析：G 学长（中央美院硕士）

　　如图 8-18 所示快题设计方案独具巧思，通透开敞。场地虽小，但空间利用度高。功能性强，观赏度高。以一个较大空间为整体框架，从此切入，多个小空间互嵌。景观与室内一体，承接传统造景设计精神。但从视觉表现而言，画面的中心是房屋结构，并不是设计重点，可以重新再考虑下构图。

· 范例评析：W 学姐（中央美院硕士）

　　如图 8-18 所示快题画面完整，构图饱满，图量很多。值得注意的是，设计者在设计过程中，不仅仅对于空间进行了简单划分，还对铺装等小的细节进行了考虑。很好地区分了室内外，并通过对景等手法利用虚质连接了室内外空间。在极小的场地范围内，通过设计，满足了基本的使用功能需求，是一副不错的快题设计。

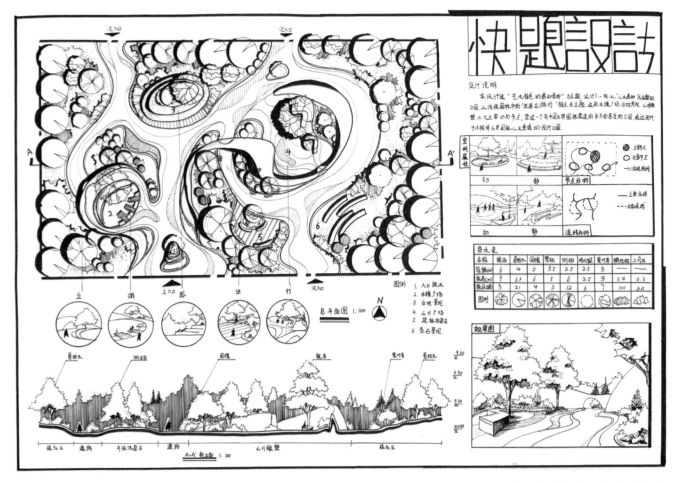

图 8-19 园林景观快题手绘线稿范例（十九）

· 范例评析：Y 学姐（中央美院硕士）

图 8-19 是以"山水感知"为主题的公园景观快题设计手绘，以传统园林中的"坐卧立游行"为主题，运用水镜广场、台地景观、山川雕塑三大主要功能节点，营造一个有中国古典园林意境的公园景观，是一个通过现代手法转译古典园林山水意境的现代公园。整张快题版式构图较为传统，以园林景观平面布局为核心，丰富的植物表达和标注索引使得平面图细节丰富。整张快题线稿疏密有致，松紧适度，尤其是平面图和剖面图的表达到位，相比之下效果图表现不够充分，有待提高。

· 范例评析：
W 学姐（中央美院硕士）

如图 8-20 所示是一幅以"水、木、石"为元素的快题设计，将人与自然空间环境、社会环境有机融合，意为最大程度恢复自然生态环境，减轻环境负荷，打造集游览、展示、生态于一体的综合性文化公园，整体设计巧妙，手绘表达到位。

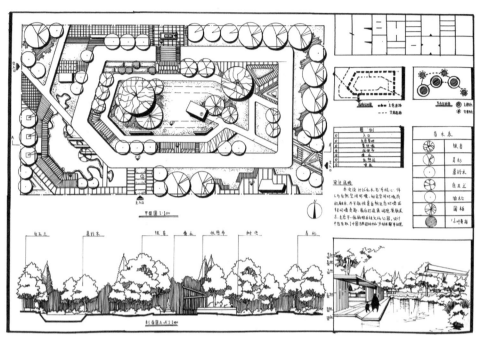

图 8-20　园林景观快题手绘线稿范例（二十）

· 范例评析：
L 学姐（中央美院硕士）

如图 8-21 所示是通过性景观解决不断变化"新生态"问题，该方案中运用效益系统，使弹性景观在设计中发挥恢复再生的作用。整张快题画面完整，布局合理，但平面图缺少必要的尺寸标注和适当的文字索引。

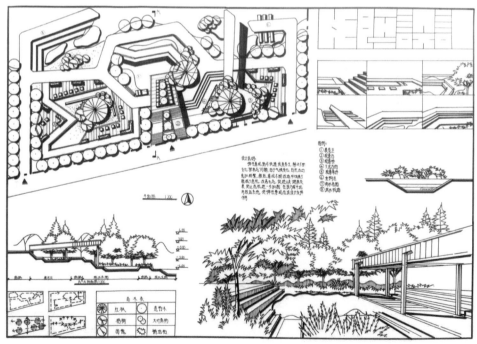

图 8-21　园林景观快题手绘线稿范例（二十一）

8.2

园林景观快题设计
手绘步骤与方法

室内外空间相结合快题步骤图及效果图如图 8-22~ 图 8-25 所示。

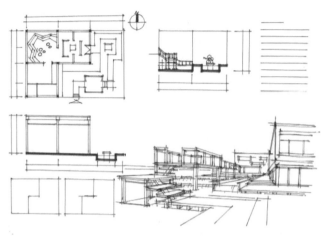

快题手绘绘制步骤（一）：铅笔起稿阶段，用 5H 的铅笔起稿，把各部分图的位置关系、轮廓关系轻轻确定下来。

快题手绘绘制步骤（二）：在铅笔搞基础上，用墨线结合尺规把各部分图的位置、大小、轮廓线绘制出来。

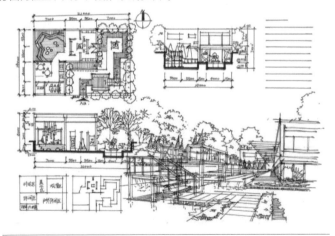

快题手绘绘制步骤（三）：在墨线基础稿的框架下，继续完善各部分的线稿。

快题手绘绘制步骤（四）：在墨线稿的基础上，完成平面图的材质表达，调整线稿的疏密关系，并添加尺寸和文字标注。

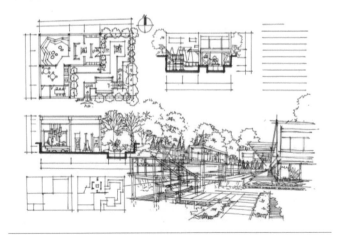

图 8-22　滨水景观快题手绘步骤图（一）

园林景观快题手绘一般是在规定的 4~8 小时内完成要求的设计和手绘表达，时间紧，图量大，如果没有一个合理的步骤和顺序，在规定时间内很容易画不完。

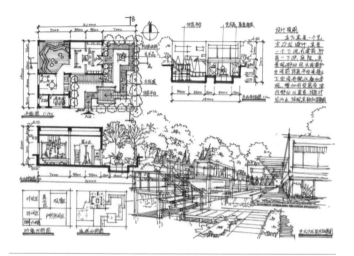

快题手绘绘制步骤（五）： 完善线稿细节，尺寸标注、文字说明、索引注释等，至此完成全部线稿阶段。

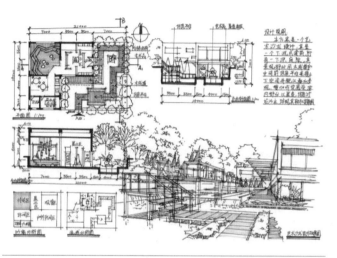

快题手绘绘制步骤（六）： 确定基本色调，用木纹颜色的马克笔铺大面积的区域，完成快题中的木纹颜色。

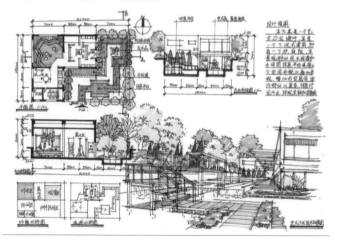

快题手绘绘制步骤（七）： 调整色彩关系，增加大面积植物的绿色，明确整体色彩基调。

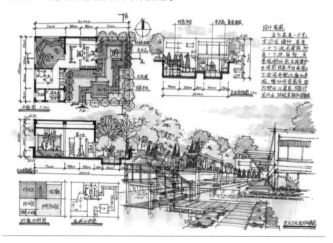

快题手绘绘制步骤（八）： 增加天空和水体的蓝色，使其具有层次变化，画面完成整体铺色，形成色调。

图 8-23　滨水景观快题手绘步骤图（二）

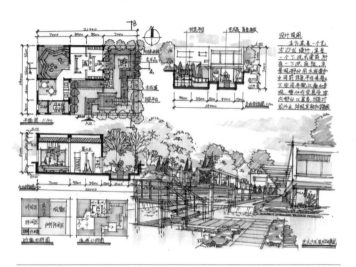

快题手绘绘制步骤（九）： 增加灰色，在原有色调基础上，局部增加灰色，增加层次变化，拉开对比。

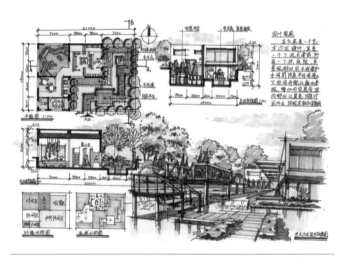

快题手绘绘制步骤（十）： 调整颜色黑白灰，用重灰色加深暗部以及投影的颜色，增强对比度和体积关系。

图 8-24 滨水景观快题手绘步骤图（三）

· 范例评析：Y 学姐（中央美院硕士）

图 8-25 是一张室内外空间相结合的快题设计，着重表现滨水的下沉式庭院空间，景观部分用木栈道和中间的休息平台连接上下空间，并配以叠水景观，增加听觉感受。整体方案设计新颖，手绘表达到位，表现出设计者较好的设计和快速手绘表达能力。

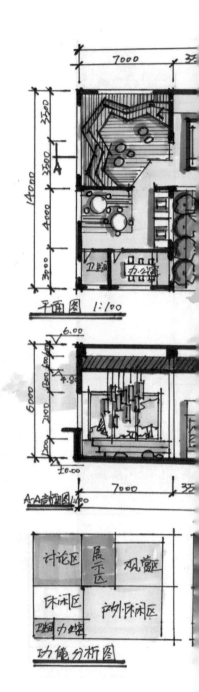

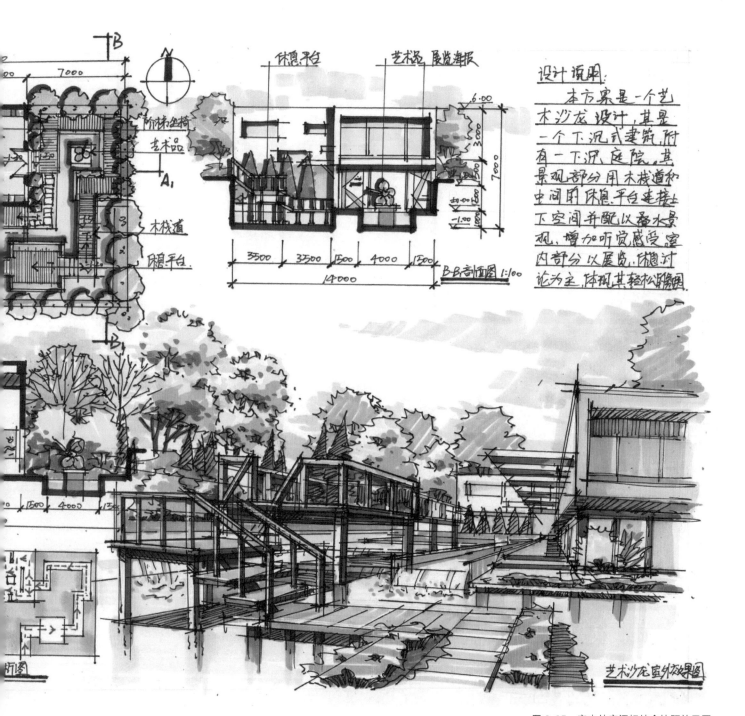

设计说明:
本方案是一个艺术沙龙设计,其是一个下沉式建筑,附有一下沉庭院,其景观部分用木栈道和中间的休息平台连接上下空间并配以音水景观,增加听觉感受室内部分以展览,研讨论为主,体现其轻松的氛围。

休息平台　艺术品 展览海报

阶梯坐椅
艺术品
木栈道
休息平台

B-B剖面图1:100

图 8-25　室内外空间相结合快题效果图

连廊景观快题步骤图及效果图如图 8-26~ 图 8-29 所示。

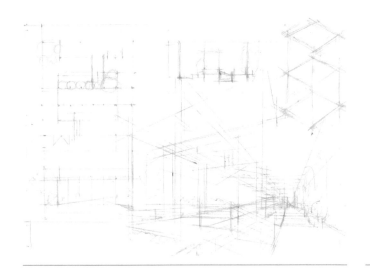

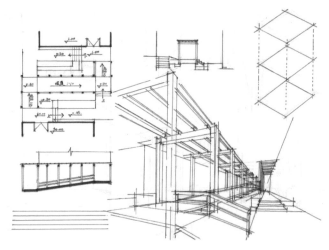

快题手绘绘制步骤（一）：铅笔起稿阶段，用较轻的铅笔起稿，把各部分图的位置关系、轮廓关系轻轻确定下来。

快题手绘绘制步骤（二）：在铅笔搞基础上，用墨线结合尺规把各部分图的位置、大小、轮廓线绘制出来。

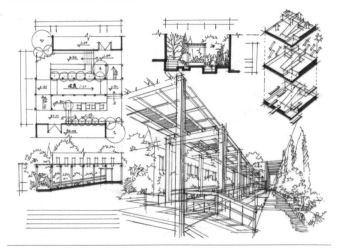

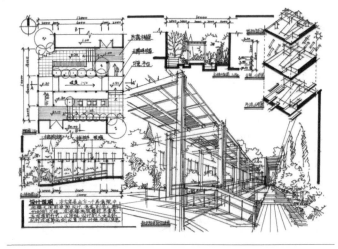

快题手绘绘制步骤（三）：在墨线基础稿的框架下，继续完善各部分的线稿。

快题手绘绘制步骤（四）：在墨线稿的基础上，完成平面图的材质表达，调整线稿的疏密关系，并添加尺寸和文字标注。

图 8-26　连廊景观快题步骤图（一）

一般来说，可以将快题设计手绘分为审题阶段、草图设计（解题）阶段、铅笔稿（初步设计）阶段、墨线稿（深化设计）阶段、颜色稿阶段和调整检查阶段这六个阶段。

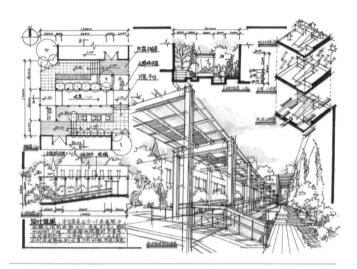

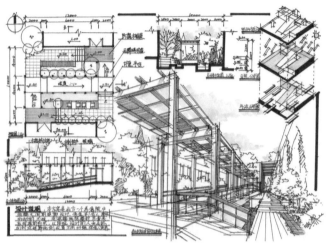

快题手绘绘制步骤（五）： 在线稿的基础上，从大面积的蓝天和水体颜色入手，完成蓝色调绘制。

快题手绘绘制步骤（六）： 完善基本色调，用木纹颜色的马克笔铺大面积的区域，完成快题中的木纹颜色。

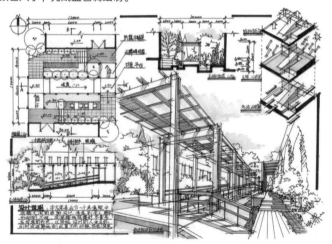

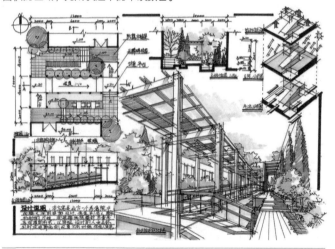

快题手绘绘制步骤（七）： 调整画面的色彩关系，增加快题中的灰颜色，使得色彩关系更加明确。

快题手绘绘制步骤（八）： 调整色彩关系，增加大面积植物的绿色，确定整体色彩基调。

图 8-27　连廊景观快题步骤图（二）

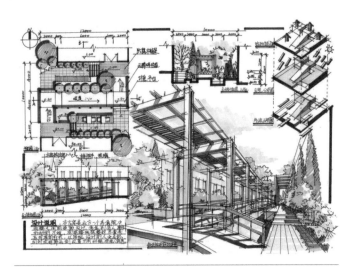

快题手绘绘制步骤（九）： 表现光影感和体积感，使用各部分更深一些的颜色表达物体的暗部和投影。

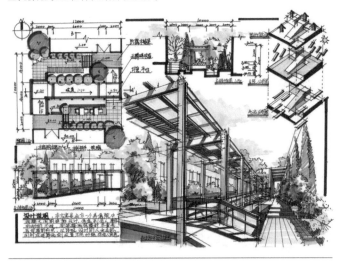

快题手绘绘制步骤（十）： 调整颜色黑白灰，用重灰色加深暗部、投影的颜色，增强对比度和体积关系。

图 8-28 连廊景观快题步骤图（三）

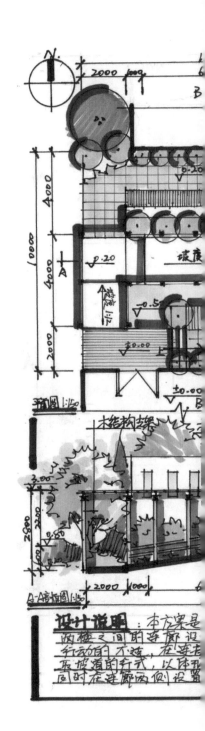

· 范例评析：丫学姐（中央美院硕士）

以图 8-29 是北方养老院两栋楼之间的连廊空间设计，考虑到老人身体行动的不便，在连接两栋楼时尽量采取坡道的方式，以体现设计的人文关怀，同时在连廊两侧设置不同功能，满足老人活动的使用需求。本作品设计合理，手绘表达到位。

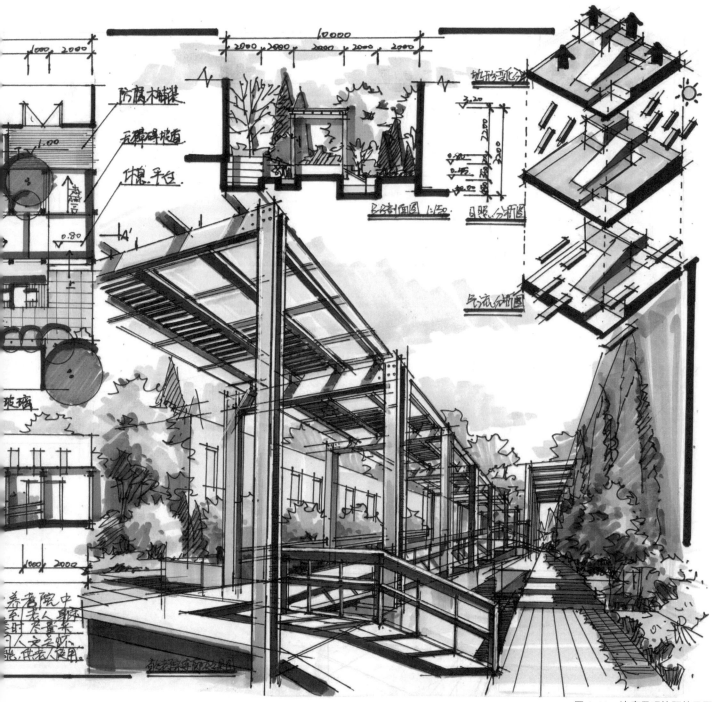

图 8-29　连廊景观快题效果图

校园景观快题步骤图及效果图如图 8-30~ 图 8-33 所示。

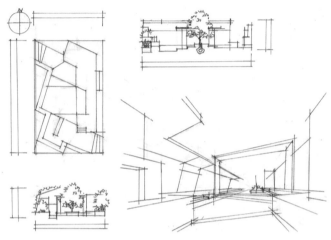

快题手绘绘制步骤（一）：铅笔起稿阶段，用较轻的铅笔起稿，把各部分图的位置关系、轮廓关系轻轻确定下来。

快题手绘绘制步骤（二）：在铅笔搞基础上，用墨线结合尺规把各分图的位置、大小、轮廓线绘制出来。

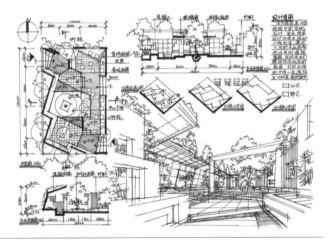

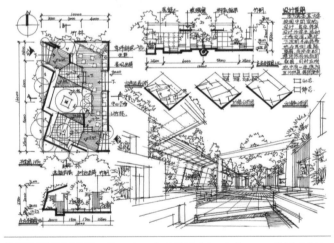

快题手绘绘制步骤（三）：在墨线基础稿的框架下，继续完善各部分的线稿。

快题手绘绘制步骤（四）：在墨线稿的基础上，完成平面图的材质表达，调整线稿的疏密关系，并添加尺寸和文字标注。

图 8-30　校园景观快题步骤图（一）

每个阶段根据自身的作图习惯又可分为多个步骤，掌握正确的快题设计和手绘步骤方法能够快速提升设计、手绘表达能力。

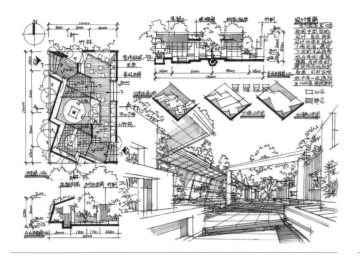

快题手绘绘制步骤（五）：在线稿的基础上，从大面积的灰颜色入手，完成快题中灰色绘制。

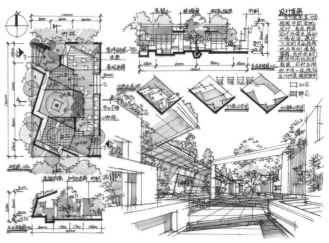

快题手绘绘制步骤（六）：完善基本色调，用植物的绿色铺大面积的区域，完成快题中的植物的颜色。

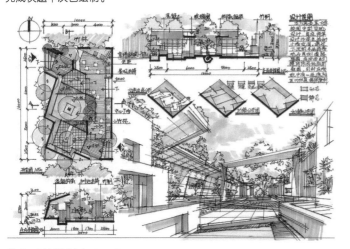

快题手绘绘制步骤（七）：调整画面的色彩关系，增加快题中的暖色颜色，使得对比强烈，色彩关系更加明确。

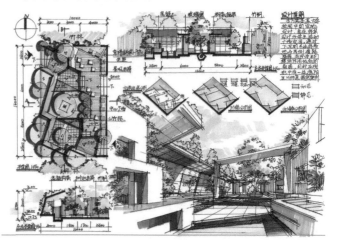

快题手绘绘制步骤（八）：调整素描关系，增加暗部和投影的重色，使得黑白灰对比强烈。

图 8-31　校园景观快题步骤图（二）

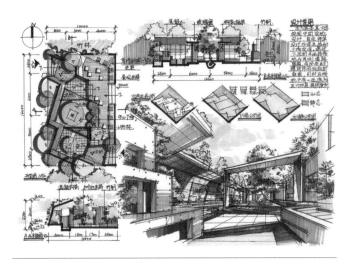

快题手绘绘制步骤（九）： 增加暗部的线条调子，丰富暗部细节，提高亮部和暗部的对比关系。

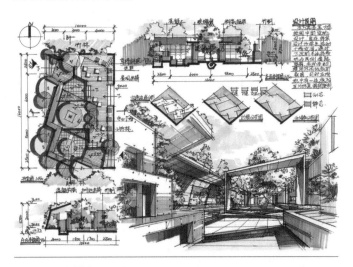

快题手绘绘制步骤（十）： 调整画面阶段，进行局部细节上的调整和修改，完成整张快题的绘制。

图 8-32　校园景观快题步骤图（三）

· 范例评析：Y 学姐（中央美院硕士）

　　图 8-33 是校园景观的快题设计，作为园林景观快题设计考试中常见的空间类型，是日常练习的重点。本方案用下沉的设计手法将场地与两侧道路隔离，为学生们提供休闲放松的空间和氛围，设计构思巧妙，在用笔用色上表现出娴熟的手绘经验和技巧。

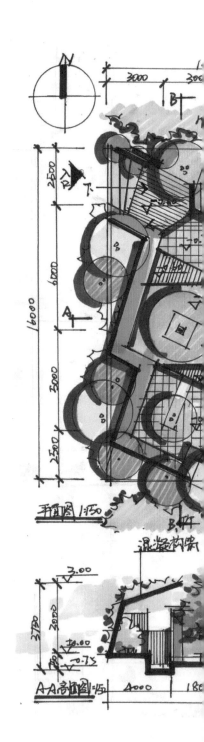

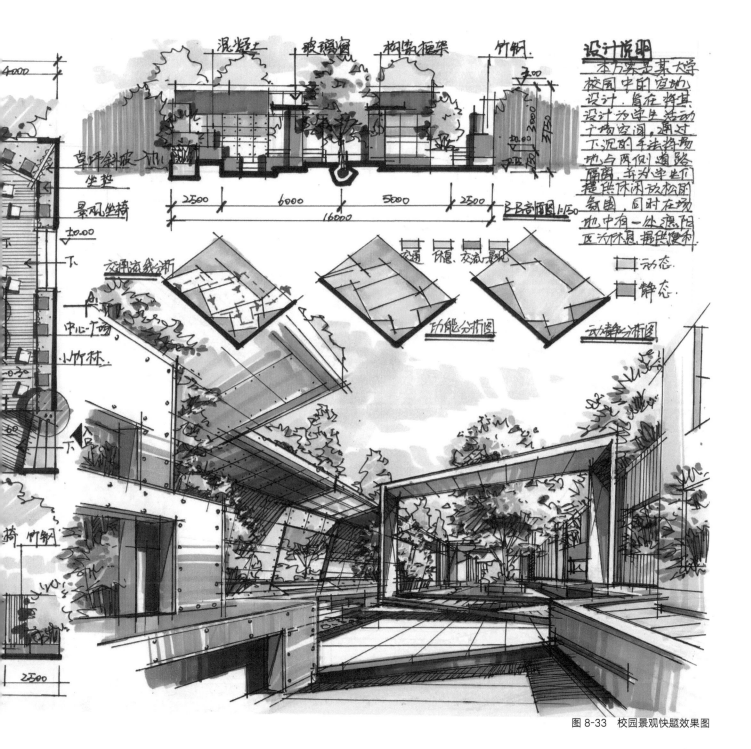

混凝土　　玻璃窗　　构架框架　　竹钢.

设计说明
本方案是某大学
校园中的空地
设计. 旨在将其
设计为学生活动
广场空间, 通过
下沉的手法将场
地与两侧道路
隔离, 并为学生们
提供休闲放松的
氛围, 同时在场
地中有一处遮阳
区为休息提供便利.

草坪斜坡
坐凳

景观坐椅

4000

2500　　6000　　5000　　2500

16000

B-B剖面图1:50

交通流线分析

交通 休憩 交流景观

动态
静态

中心广场

小竹林

功能分析图

动静态分析图

竹钢

2500

图 8-33　校园景观快题效果图

- 197 -

8.3

园林景观快题手绘范例与评析

学习和临摹优秀的园林景观快题手绘能够开阔眼界，快速提升设计和手绘能力，对于初学者有很大的帮助。学习和借鉴的过程不仅要停留在一些表面层次上的内容，更重要的是学习思路和方法，这样长期的积累会让你的设计能力有所提高，在做方案时会得心应手。初学者经常走进一个误区：只注重手绘的表现，轻视设计本身。更多的精力投入到表面的技法上，这就导致画面过于"表现"，而缺少实质性的内涵，经不住细细品味。

可参考学习如图 8-34~ 图 8-62 所示的园林景观快题手绘范例，会对你有所启发。

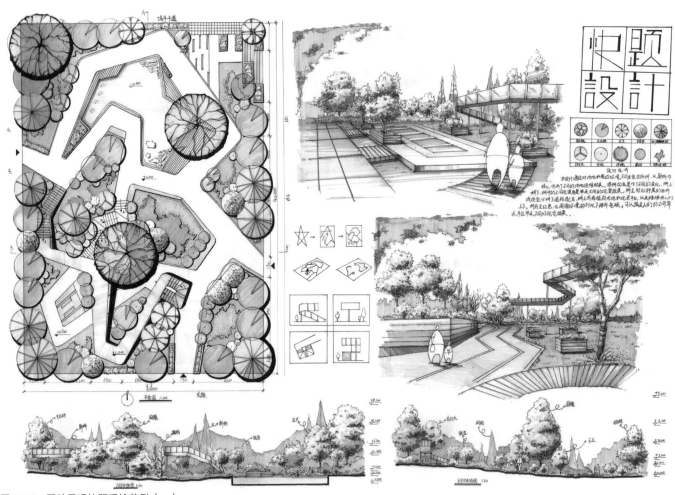

图 8-34 园林景观快题手绘范例（一）

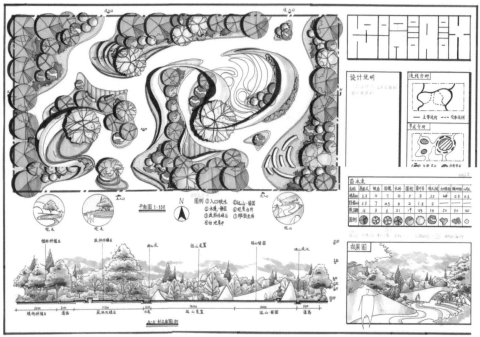

· 范例评析：
L 学姐（中央美院硕士）

如图 8-35 所示方案平面图整体线条语言统一、流畅、自然。对场地功能组团进行划分并相对完整地进行呈现，且主次得当。不过分析图形式相对单一、陈旧，标注等分析数据不完善，效果图呈现略显简单。

图 8-35　园林景观快题手绘范例（二）

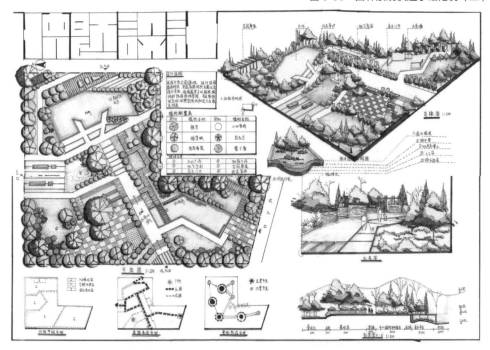

· 范例评析：
S 学姐（中央美院硕士）

如图 8-36 所示方案版式上相对活泼，各模块间层次分明，主辅相适应。分析图形式可做适当提升。平面图对轴线与功能模块的划分处理得较好，需要注意的是鸟瞰图中植物的大小比例。

图 8-36　园林景观快题手绘范例（三）

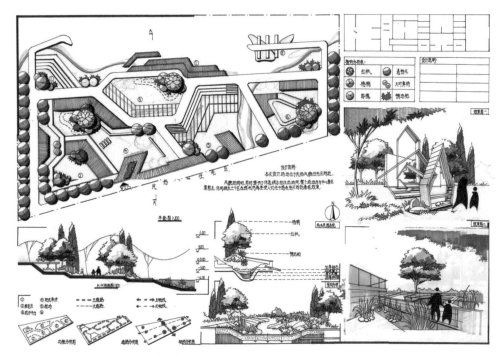

图 8-37　园林景观快题手绘范例（四）

· 范例评析：
G 学长（中央美院硕士）

如图 8-37 所示快题设色别具一格，营造出独特情景氛围。线条语言相对统一，分析图信息量较为丰富。需要注意的是效果图略显单薄，缺乏细节。

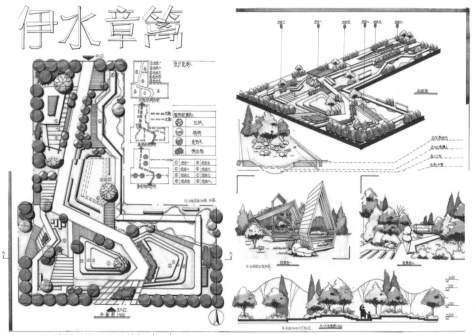

图 8-38　园林景观快题手绘范例（五）

· 范例评析：
S 学姐（中央美院硕士）

如图 8-38 所示方案的整体色调统一、和谐、自然、淡雅。平面方案的轴线、区块划分鲜明、有层次感，效果图通过设色区分层次与景深，细节之处营造出氛围感。需要注意鸟瞰图中树木的尺寸比例。

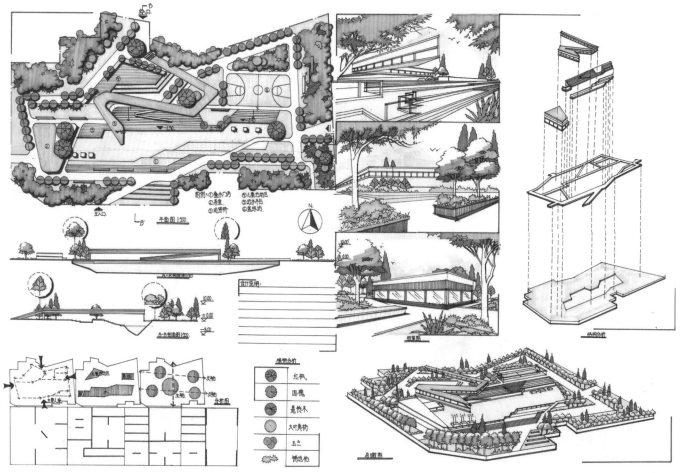

图 8-39　园林景观快题手绘范例（六）

· 范例评析：L 学姐（中央美院硕士）

　　如图 8-39 所示快题版式活泼灵动，分镜、鸟瞰图与爆炸图的综合运用，使得快题内容充实、信息量大，在相同考试时间内，完成更多的工作量往往是工作能力更强的体现，所以在能力允许、能够按时完成整体快题的范围内，适当的增加信息量是取得高分的一种应考策略。

· 范例评析：W 学姐（中央美院硕士）

　　如图 8-39 所示方案不论是从线条语言还是从整体设色，都十分统一、和谐。平面设计层次分明，注重细节，而非"所见即所得"。可以通过增加分镜场景数量，来弥补效果图细节不足的问题。需要注意的是，整张快题仍处于未完成态，缺少尺寸标注及注释。

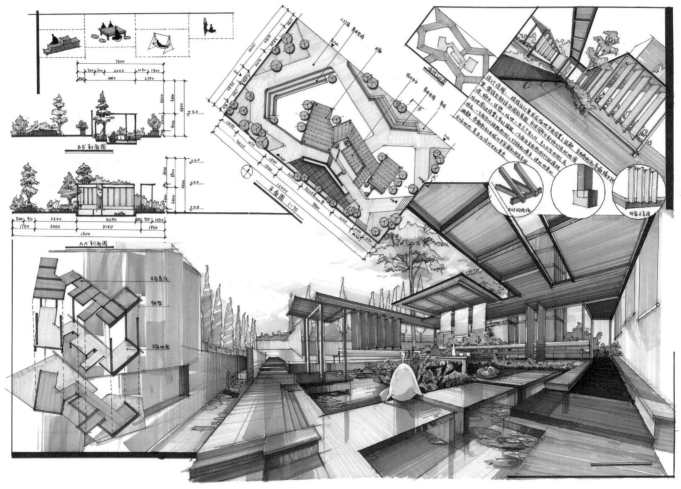

图 8-40　园林景观快题手绘范例（七）

· 范例评析：L 学姐（中央美院硕士）

　　如图 8-40 所示快题的色调为统一的灰调，更显高级感，构图饱满，效果图张力十足。空间动线流畅，结构丰富。在空间的刻画上，结构与材质十分突出，这种整体呈现灰调的设色方式，虽然会使画面统一和谐，但对比度减弱，可通过鲜灰对比强调主体。本设计制图规范，主次分明。

· 范例评析：S 学姐（中央美院硕士）

　　如图 8-40 所示快题的版式相对来说更为灵动、跳脱，别具一格。效果图中的色彩同主体空间都维持在一个相对比较和谐的灰度状态。场景中人物的置入，使得画面氛围感更强，同时，人物本身的设色、留白，也是对画面色彩的"调剂"。快题中分析图的部分有待加强，有些过于简单，且与效果图脱节。

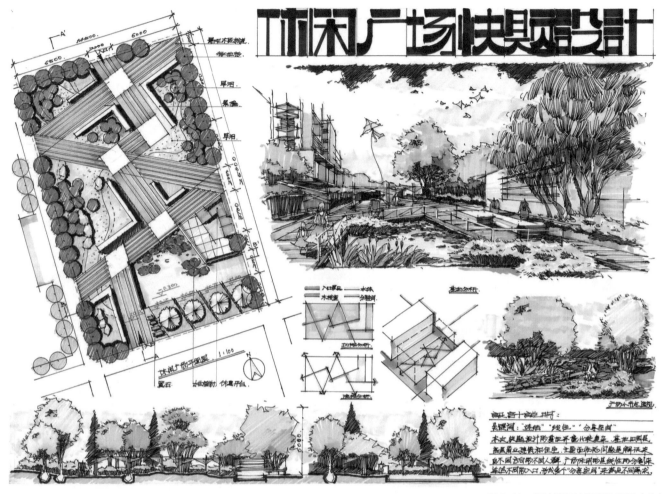

图 8-41　园林景观快题手绘范例（八）

· 范例评析：Z 学姐（中央美院硕士）

　　如图 8-41 所示快题的色调统一、明快，活力十足又不落俗套，构图十分饱满，空间轴线设置巧妙，动线也十分流畅，功能节点安置妥当。在效果图的刻画上，结构、功能、层次、细节与材质、主次对比、明度对比方面都进行了安排与预设，浑然一体毫不突兀。同时笔触老练、随性，将自然氛围表现到极致。

· 范例评析：Y 学姐（中央美院硕士）

　　如图 8-41 所示快题在设色上，并没有完全采用植被的固有色进行设色。概念色、氛围色的运用，使得画面色调更为统一，具有活力。色彩在统一中变化，在变化中统一。同时，整体比例尺度的合宜，也让画面的层次自然、不突兀。制图工整、规范，同时注释增添了快题专业性。

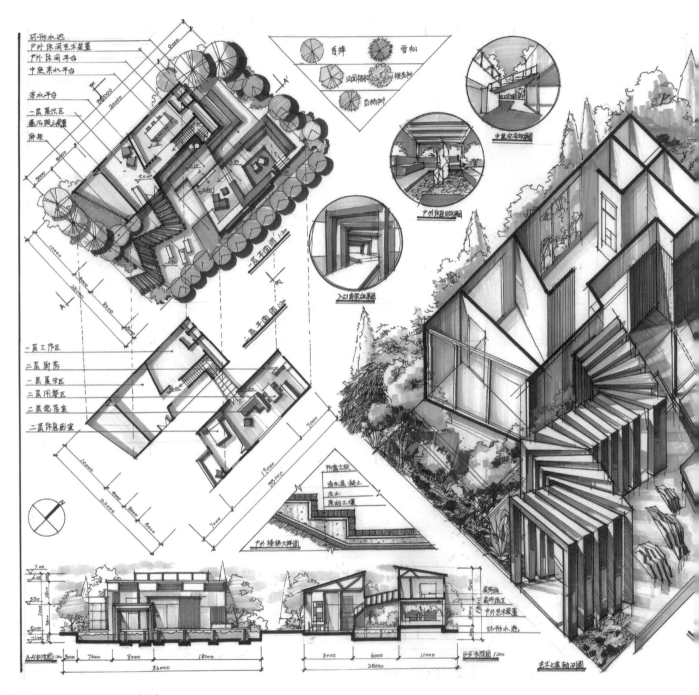

图 8-42　园林景观快题手绘范例（九）

· 范例评析：Z 学姐（中央美院硕士）

如图 8-42 所示快题的作者十分注重主次划分，从很多不同方面着手进行主次区别，举例来说：在效果图层面上，绘图者将前景色彩的饱和度提高并降低远景的色彩饱和度，明度上也进行了区分；细节刻画上，前景也尽量补充更多细节，而远景则几笔带过，不多做设色与刻画；同时在整张快题中，绘图者对轴测图、平面图、剖面图、分析图等也通过设色进行了主次区分。

· 范例评析：S 学姐（中央美院硕士）

如图 8-42 所示方案设计规范，内容完整，排版大胆，主次分明。轴侧效果图表达得合理清晰，具有张力，视觉冲击力很强，紧抓人眼球。方案的创新点也展现得全面、具体合理。入口的折形走廊以及红色景观构筑装置增强了空间的节奏感，水系的处理活跃了空间，在细节处理上较为详细到位。植物分析、节点构造分析使得方案更加全面完整。

· 范例评析：G 学长（中央美院硕士）

如图 8-42 所示快题整体色调统一和谐，富有张力。鲜灰对比得当，主次鲜明。排版自然、活泼，张弛有度。选用轴测图作为主要效果图，配合局部节点透视效果图进行补充说明，内容翔实，丰富；效果图与制图对照严谨。方案也采用大量折线来破形，打破整体空间"规矩感"，使得整个空间生动、活泼起来，富有动感与活力。

· 范例评析：W 学姐（中央美院硕士）

如图 8-42 所示效果图表现技法熟练，颜色搭配和谐，排版内容也清晰合理。空间氛围表现得较到位，建筑外立面造型设计得错落有序，体块穿插合理，层次丰富，节奏变化富有韵律。主效果图的表现主要集中在室外景观，若在保留室外创意的同时在室内范围多加表现，会让方案更完整、更细致。

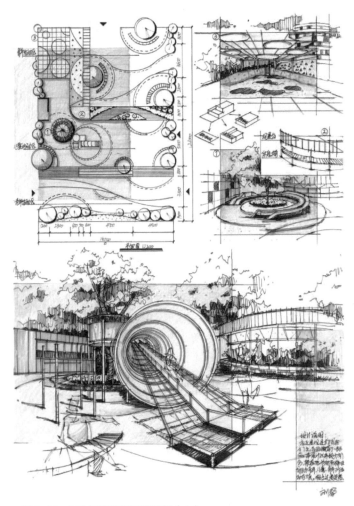

图 8-43　园林景观快题手绘范例（十）

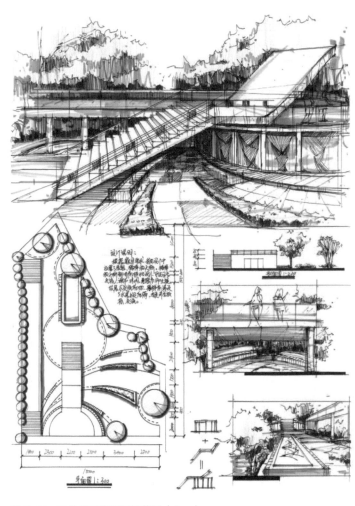

图 8-44　园林景观快题手绘范例（十一）

· 范例评析：L 学姐（中央美院硕士）

　　如图 8-43 所示方案将着色部分进行框定，减少上色的面积的同时，形式感强烈，是一种十分新颖、别具一格的设色方式，同时也巧妙地减少工作量，使得重点突出。

· 范例评析：W 学姐（中央美院硕士）

　　如图 8-44 所示主题色调为灰调，虽然画面黑白灰分明，但画面整体呈现出一种未完成感。表现力较弱，需细致深入效果图的绘制，同时增加分析图丰富方案。

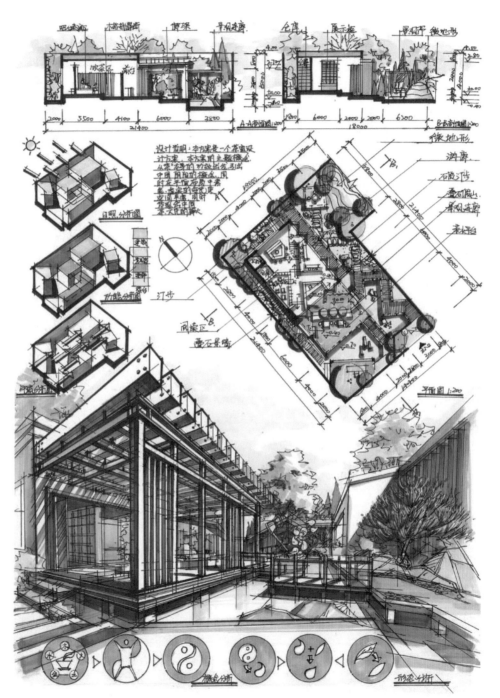

· 范例评析：
W 学姐（中央美院硕士）

　　如图 8-45 所示快题版式
新颖，平面根据效果图之势，
进行倾斜，增加了画面的活力，
不会太过于死板，画面中的留
白处理中，两个侧面都留白容
易混乱，可以让其中一个面根
据光影上色浅灰来进行区分。

· 范例评析：
S 学姐（中央美院硕士）

　　如图 8-45 所示效果图的
作者绘制得游刃有余，线条
肯定有力，画面下方的设计
理念的变形过程也十分有趣。
对于光影的处理也较为细腻，
画面别致饱满。同时又有适
当的留白，是一副优秀的快
题作品。

图 8-45 园林景观快题手绘范例（十二）

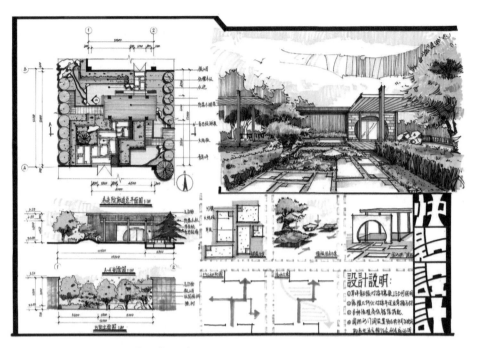

图 8-46　园林景观快题手绘范例（十三）

· 范例评析：
W 学姐（中央美院硕士）

　　如图 8-46 所示快题版式工整，方案完整，色彩明快。效果图的结构相对有些简单，在设计中可多加细节结构，整体画面构图相对不够饱满，平面图设色过多导致层次不是很鲜明，应适当升级分析图。

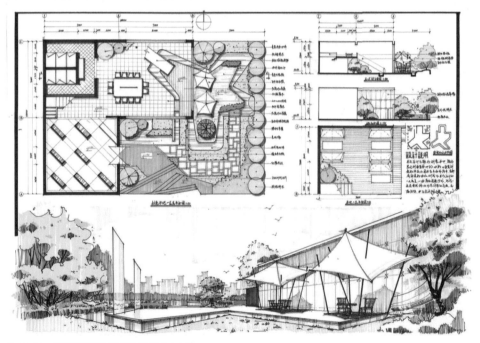

图 8-47　园林景观快题手绘范例（十四）

· 范例评析：
L 学姐（中央美院硕士）

　　如图 8-47 所示方案的作者用色自然、清新淡雅，笔触疏密有度。效果图视野及与平面图的对应关系需要注意。在平面图及分析图的设色上留白，区分主次，突出效果图，增强画面对比度。

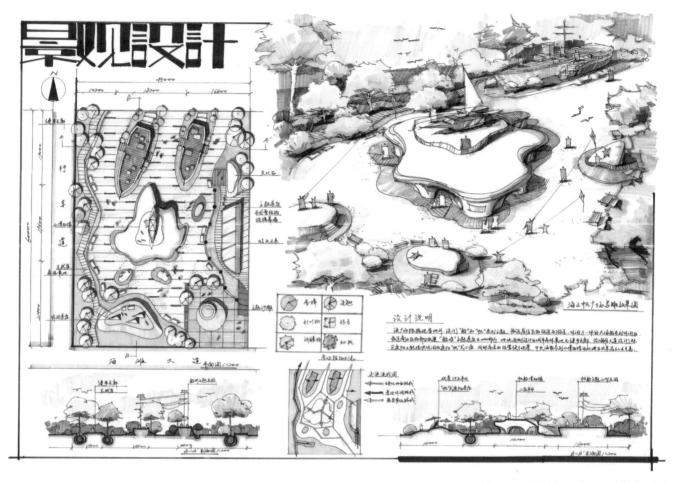

图 8-48　园林景观快题手绘范例（十五）

· 范例评析：L 学姐（中央美院硕士）

　　如图 8-48 所示快题的整体色调十分统一，明快、清新活泼，属于高明度的设色方式，这样的做法在考试中其实是一种事半功倍的做法，很容易出效果。快题整体构图饱满，设计简洁大方、动线流畅自然、线条语言统一、生动，富有自然气息，异形建筑具有形式感，留白也恰到好处。

· 范例评析：K 学姐（中央美院硕士）

　　如图 8-48 所示快题中，效果图中人物的置入，增强了场景的动感和氛围感。添加人物在效果图中时，一定要考虑人物的比例尺度，他就像在画面中的一把尺子，稍有不慎，就会暴露画面的尺度问题，所以如果无法把握画面中任务的比例尺度，那不如不画人物。

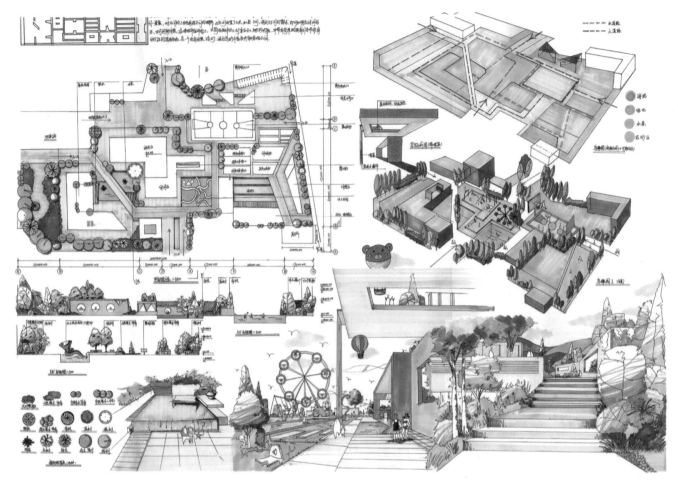

图 8-49　园林景观快题手绘范例（十六）

· 范例评析：L 学姐（中央美院硕士）

　　如图 8-49 所示快题的色调虽然统一，但缺少层次与细节，无法将快题的主要部分与次要部分进行区分，可以在效果图与平面图重点表现局部以增强明暗对比，增加细节刻画。版面内容十分丰富，但需注意图与图之间的间隔界限，完全的融合会带来视觉上的错觉。

· 范例评析：W 学姐（中央美院硕士）

　　如图 8-49 所示快题在设色上采用了大量的暖灰色与冷色进行结合，并不是一种十分容易驾驭的色调，过多的暖灰会使得画面变脏；其次，暖灰很难上重色，这也是造成画面明暗对比无法继续深入的主要原因之一。另外，马克笔着色笔触略显生硬，还要注意植被的用笔技法。

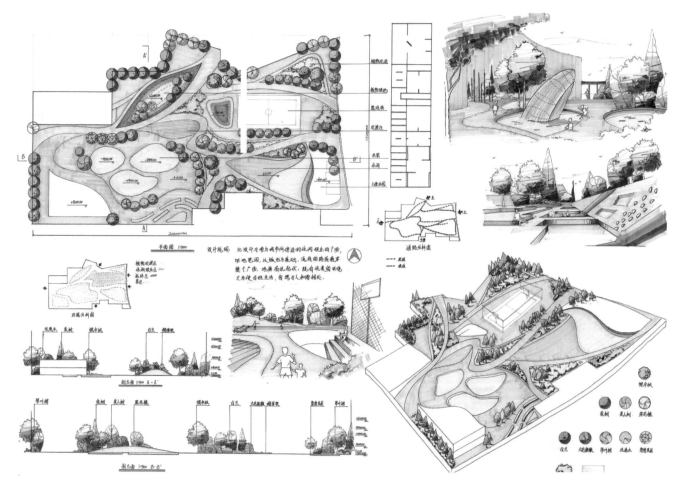

图 8-50　园林景观快题手绘范例（十七）

· 范例评析：S 学姐（中央美院硕士）

　　如图 8-50 所示快题的色调统一，清新自然。需要注意对明度的区分，否则无法对主次进行划分。线条语言较为流畅，也还有改进的空间。分析图、剖立面图不够饱满，可适当缩小比例尺，否则无法支撑起版面。效果图缺少细节与层次。制图工整，标注翔实。

· 范例评析：Z 学姐（中央美院硕士）

　　如图 8-50 所示快题采用多种线条语言，直线、云线、有机形态等，却没有达到一个较为统一和谐的状态，线条语言略显生硬，平面图、鸟瞰图缺少光照环境与投影，氛围感不强。投影能为画面增加重色，在画面呈现高明度状态时，投影是最佳的重色区域，且毫不突兀。

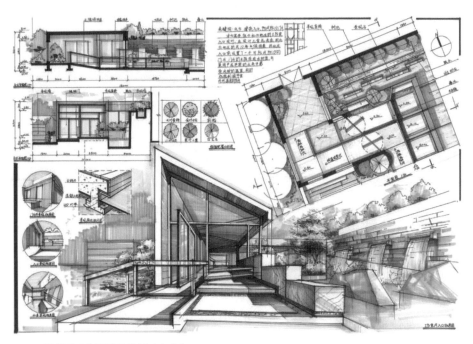

图 8-51 园林景观快题手绘范例（十八）

如图 8-51 所示快题版式十分具有张力，随着一点透视的灭点，观者的视线也开始集中，其余模块也随着效果图的排版而排布在相应的位置，分析图与效果图的融合十分讨巧，美中不足是效果图缺乏细节。

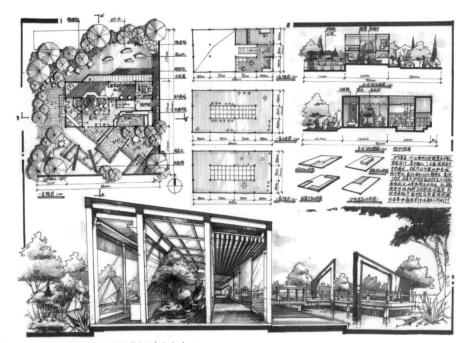

图 8-52 园林景观快题手绘范例（十九）

如图 8-52 所示方案的版式工整，效果图横向排布使得画面十分有气势。需要注意的是，"剖透视"对结构要求十分严格，若想画"剖透视"作为效果图，首先在设计层面上，要有一套符合逻辑的结构支撑画面。

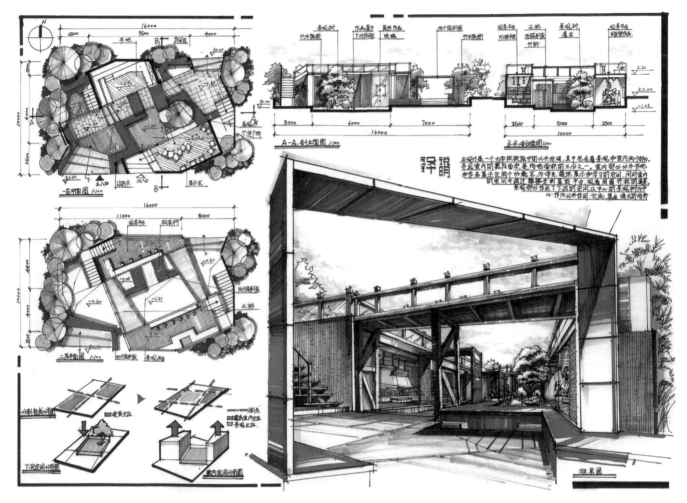

图 8-53　园林景观快题手绘范例（二十）

· 范例评析：L 学姐（中央美院硕士）

如图 8-53 所示快题色彩十分亮眼，大胆地采用了高纯度的红绿色进行搭配，利用饱和度较低的黄色稳住整体颜色，设计合理得当，画面动感较强，是一幅不错的快题作品。尤其效果图中作为前景的"框景"框，是神来之笔，非常抢眼，营造了不错的画面氛围，效果强烈。

· 范例评析：K 学姐（中央美院硕士）

如图 8-53 所示快题颜色配色新颖，以红色贯穿整个画面，能看出在效果图中，作者有意识减淡了高纯度绿色所占比重，使得红色的构筑物更为突出，成为整个画面的点睛之笔。美中不足的是，平面中缺少物体的投影，虽是平面，但也要稍稍表现出其关系，可以用灰色马克笔捎带几笔。

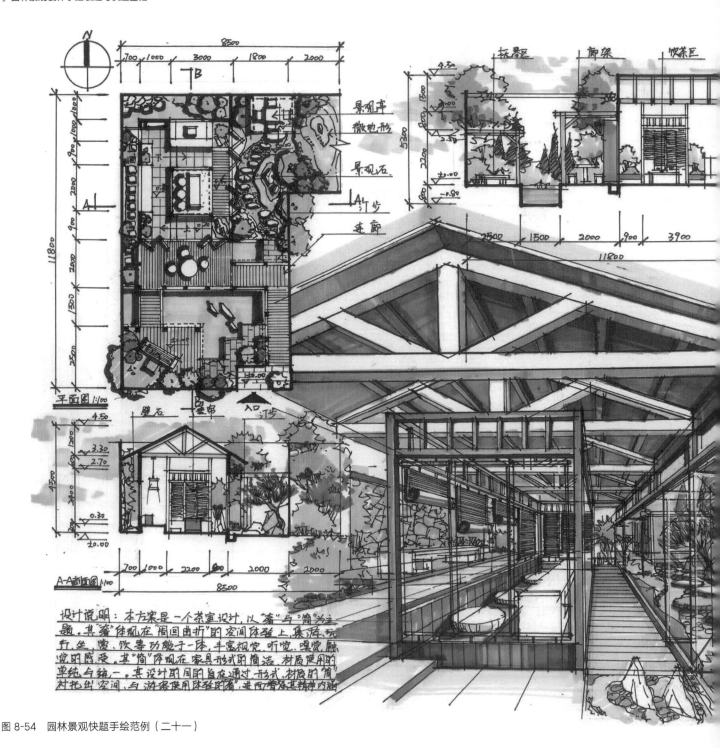

图 8-54　园林景观快题手绘范例（二十一）

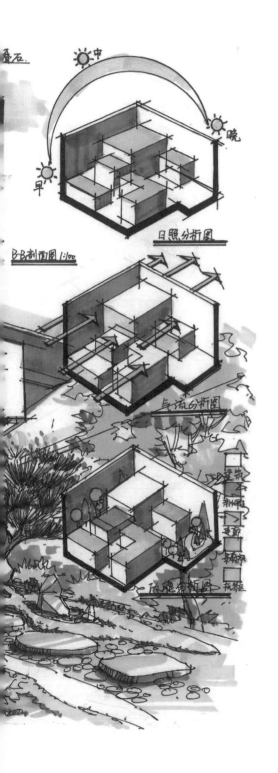

· 范例评析：Z 学姐（中央美院硕士）

如图 8-54 所示快题为一处茶室的设计，整体的快题画面适当留白，疏密关系合理，效果图显得古风古韵，带有浓厚的中式庭院之感，方案较好地处理了室内外的空间关系，在相对较小的场地内，满足了基本的使用功能。画面整体的色彩搭配比较和谐，可以适当增加重色来拉开黑白灰的大效果。

· 范例评析：S 学姐（中央美院硕士）

茶室作为一个休憩与品茶功能合二为一的交友休闲场所，应当是休闲舒适、绿色怡人的空间，这一方案恰好做到了这一点，在整体的设计满足了基本功能的前提下，营造出休闲舒适的空间氛围。效果图所选择的一点透视，表现出了环境的中式氛围，画面严谨，清晰合理，契合主题，是一幅不错的快题作品。

· 范例评析：G 学长（中央美院硕士）

如图 8-54 所示方案的设计完整、规范、清晰。空间布局合理，动线流畅，合理地把握了室内外关系。从效果图到分析图再到排版布局，整个画面主次分明。同时，作图者在竖向设计上也下了功夫，植物的层级合理，分布有疏有密，作为衬景来讲，很好地中和了中式风格带来的静谧之感，使得画面生机盎然。

· 范例评析：W 学姐（中央美院硕士）

如图 8-54 所示快题采用环绕式构图，利用效果图作为图底，小图环绕，画面规整，在色彩搭配上整个方案色调相对柔和，画面明暗对比适中，整幅画面视觉点相对集中在主体构筑上，在效果图的绘制上可适当加强前面的明暗对比使其空间感与视觉中心点的对比更加强烈。

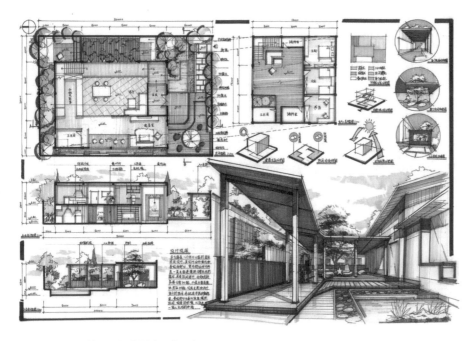

图 8-55 园林景观快题手绘范例（二十二）

· 范例评析：
W 学姐（中央美院硕士）

　　如图 8-55 所示快题整体方案完成度高。在效果图的绘制上明暗对比处理得相当明确，空间感很强，色彩搭配上使人感觉平稳舒适。在空间结构上对于整个空间的串联和节奏把握得非常恰当。

图 8-56 园林景观快题手绘范例（二十三）

· 范例评析：
L 学姐（中央美院硕士）

　　如图 8-56 所示方案绘制得比较完整，节点与节点之间的相互关联使得整个空间更具有观赏的趣味性，值得借鉴。但效果图的呈现被斜切一刀，有些没道理，也有些突兀，可以对排版再稍加思考。

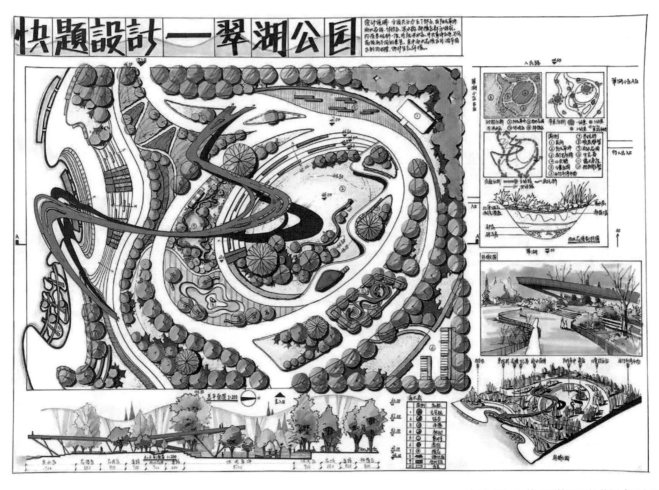

图 8-57　园林景观快题手绘范例（二十四）

· 范例评析：L 学姐（中央美院硕士）

　　图 8-57 是公园的园林景观快题设计，整个公园由阳光草坪、雨水花园、滨水区、休闲区和种植区五个部分组成，功能布局完善，动线合理，曲线的设计语言使得平面布局充满动势，形式感很强。在手绘表达方面，以大比例的平面图为主，平面图手绘深入，表达详尽，视觉冲击力强烈。

· 范例评析：S 学姐（中央美院硕士）

　　此套翠湖公园的快题设计，包含分析图、平面图、剖面图、局部的效果图和鸟瞰图，图面表达十分完整。整体色调没有按照常规的蓝色色调处理，而是进行了变调，整体以灰黄色调为主，点缀少量的红色，颜色丰富耐看，给人一种秋季的色彩感觉，令人耳目一新，值得学习和借鉴。

·范例评析：Z 学姐（中央美院硕士）

如图 8-58 所示设计与周围环境具有高度的融合感，整体画面视觉效果极佳。单看效果图本身，视线从近地面出发，延伸至远处，作者对空间结构的巧妙构思尽收眼底，空间交错有致，利用合理，主次分明。整体看设计与周围环境营造出了一种建筑与环境和谐之美，置身其中，享受着静谧的环境，感染力很强。

·范例评析：S 学姐（中央美院硕士）

如图 8-58 所示方案，蜿蜒曲折的路径是一大亮点。铺装的变化与构筑的设置使得路径更具趣味性与适应性。建议将休息平台设置在场地中间，便于游客休息。整体颜色较灰，缺少纯度的颜色能给画面增加生气，可以再调试下，重灰也稍稍缺失，灰度层级没拉开，画的时候要多注意画面的黑白灰关系。另外，可以适当增加画面的留白，给画面以空间感。

·范例评析：G 学长（中央美院硕士）

如图 8-58 所示画面整体，以大幅的效果图占据住主体，但切忌效果图过大而忽略了快题中的方案设计。本作品无论是在整体的方案设计中还是在颜色的选择上，都偏向于中式，中规中矩，但画面氛围感的营造不太足够，可以适当在画面添加带有中式元素的物体或者是构筑，做足空间氛围感，明确主题性，会有更佳的画面效果。

·范例评析：W 学姐（中央美院硕士）

如图 8-58 所示快题构图饱满，效果图与分析图的叠压关系处理得比较好，效果图较为饱满的底色衬托出分析图的白色圆圈，保证了图纸叠压下的可读性。但从颜色来讲，整体较灰，黑白灰的层次关系不够。效果图的构图中一点透视虽然简单但并不占优势，可以通过前景遮挡物的设置来增加画面的遮挡层级关系，使得画面的空间感更为强烈丰富。

图 8-58　园林景观快题手绘范例（二十五）

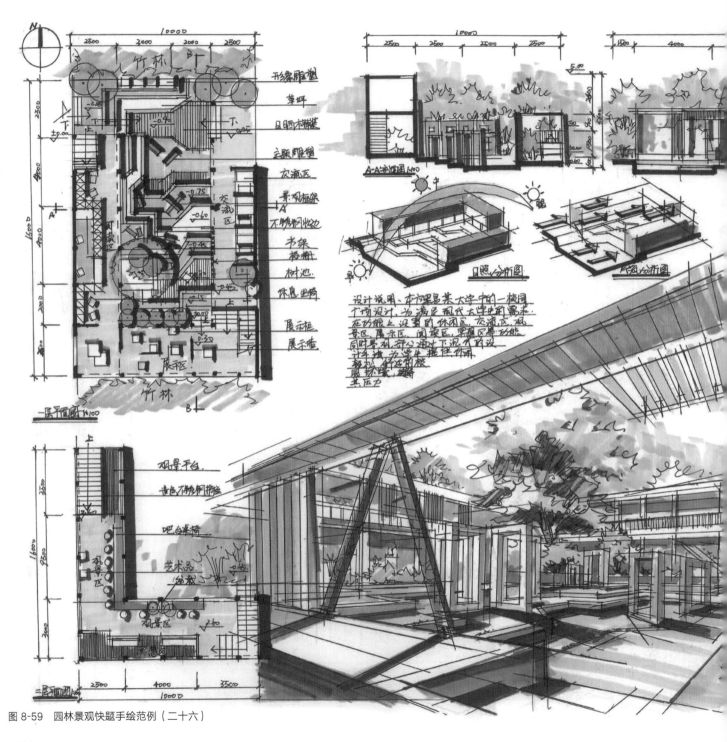

图 8-59　园林景观快题手绘范例（二十六）

· 范例评析：Z 学姐（中央美院硕士）

　　如图 8-59 所示快题的效果图表现形式独具匠心，画面视觉效果和空间氛围强烈，其颜色是最大的亮点，高纯黄色的使用非常夺人眼球，清晰地表达出来了画面中的设计点，但是在接近效果图边缘的位置应当降低纯度，画面中最纯的色彩应当出现在视觉中心。另外，其分析图也有较强的表达力，虽是小图纸，却也精致。

· 范例评析：S 学姐（中央美院硕士）

　　如图 8-59 所示方案主要是效果图占据了画面的大部分，采用大胆的一点斜透视，廊架的设置既增加了画面中的层级关系，作为前景遮挡物而言，又较为巧妙地对效果图的边缘进行了处理，但效果图的左侧与二层平面图粘合到了一起，这点可以加以改进。可以稍稍缩短效果图，不要因为效果图影响到其他图纸的绘制。

· 范例评析：G 学长（中央美院硕士）

　　如图 8-59 所示快题的构图新颖，以效果图为主，其效果图的画面光影氛围处理得当，受光部分的留白以及地面投影的处理，区分出来了黑白灰，较好地表达了画面中的光感，但要稍稍注意投影方向的一致性，庭院中方体的投影与前景廊架的投影稍有不一致，应多加注意，在上色时应规避这个问题。

· 范例评析：W 学姐（中央美院硕士）

　　如图 8-59 所示画面整体由于颜色的设置非常活泼，有亲近自然之感，但平面图的设计，丰富之余也稍显有点零碎。单就效果图而言，透视大胆准确，空间感强，所选角度较为正确。前方构筑的色彩晕染也使其较好地融入了整体的色彩之中。画面中，可以适当增加人物，进一步提高画面的可看性以及活跃感。

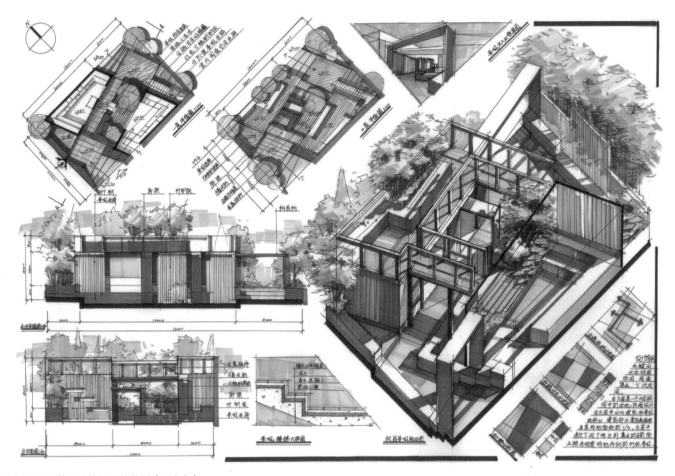

图 8-60　园林景观快题手绘范例（二十七）

· 范例评析：L 学姐（中央美院硕士）

　　如图 8-60 所示快题的色调统一，构图饱满，空间动线流畅，结构丰富。在装置的刻画上，采用该纯度的红色，十分亮眼。同时，以连续的构筑营造空间的连续感。整体色调也因此和谐。但是设计的路径过多，功能性的空间较少，可以再思考下功能与形式的关系，做到保留形式的同时，使游客游览更加有趣味性。

· 范例评析：Z 学姐（中央美院硕士）

　　如图 8-60 所示快题整体方案虽然较为简单，但中心区域明确。颜色较为大胆，但是在留白的处理上稍显混乱，尤其是轴测图的留白处理，另外在构筑物的顶面以及地面都进行了不同程度的留白使得整个画面高低层次关系杂乱，可以选择把地面"压灰"，从而衬托出画面构筑的设计点。

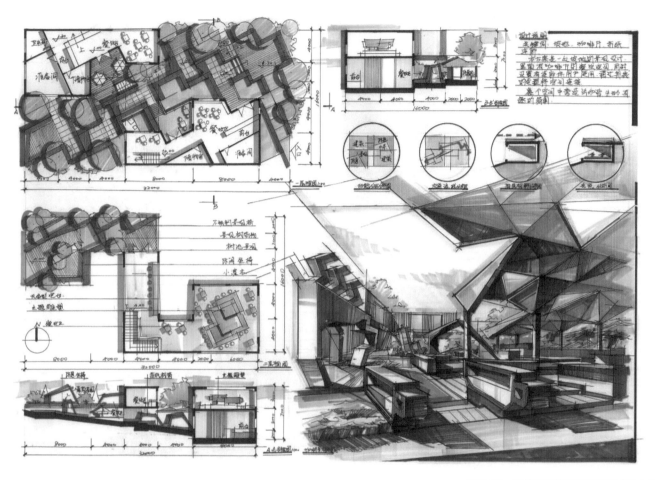

图 8-61　园林景观快题手绘范例（二十八）

· 范例评析：W 学姐（中央美院硕士）

　　如图 8-61 所示快题设计中，排版中规中矩，方案稍有可看性，但红色的色块所表示的区域不够明确，也许是座椅，也许是挑高的构筑，这种情况下需要进行标高的说明，以便阅画人理解其设计，另外效果图的构筑顶的颜色较为沉闷，可以选择偏向红色的木色，以达到统一画面色调的目的。

· 范例评析：L 学姐（中央美院硕士）

　　如图 8-61 所示快题无论是方案还是效果图的呈现来讲都稍显中规中矩，虽然普通，但是画面大效果基本达到了，且内容量足、饱满，是一幅优秀的快题。稍显不足的是效果图中顶棚的设计造型难以塑造不说，造型也不是很优美。对于这种情况，可以挑选素材进行更换。

· 范例评析：Z 学姐（中央美院硕士）

　　如图 8-62 所示快题别出心裁，以圆形为中心的设计点，利用曲线进行贯穿，区域划分合理，衔接自然，趣味性十足。颜色方面处理得十分大胆，采用高明度、高纯度的黄色与灰色进行搭配，但是中性灰并没有色彩倾向，稍显较脏，可以适当启用有色彩倾向的灰色与之搭配，适当增加画面重色，增强黑白灰对比。

· 范例评析：S 学长（中央美院博士）

　　如图 8-62 所示快题设计十分独特，高宽低窄的构筑物贯穿了效果图的右半张画面，有较强的空间感，高纯度的黄色较大程度地凸显出了方案的设计亮点。但颜色搭配稍显单调，可以适当增加不同色系颜色进行搭配。其次，平面方案设计中稍显有些紧凑，可以注意一下疏密关系，适当添加铺装或是阴影来区分不同高度的物体以及地面。

· 范例评析：G 学长（中央美院硕士）

　　如图 8-62 所示快题的构图新颖，以效果图为主，创意十足，通过简单的图示语言丰富了分析图、剖面图的可看性。使得整个画面生动有趣。颜色方面天空采用灰色的概念色并无不可，但是灰色的使用，并没有拉开黑白灰的关系，天空画得沉闷、闭塞，而地面的重色又缺失，在灰色的使用上可以稍加注意。

· 范例评析：W 学姐（中央美院硕士）

　　如图 8-62 所示作品画面中使用了两点透视展示设计方案，从角度选择、画面排版到配色乃至表现细节都能看出作者技法成熟，方案完成度很高。方案构思精巧，抛开了传统长廊大面积的铺盖的处理方式，以"线"的形式构造出面的感觉，采取硬朗但又不尖锐的直线造型，营造出了十足的科技感和空间纵深感，画面视觉冲击力很强。

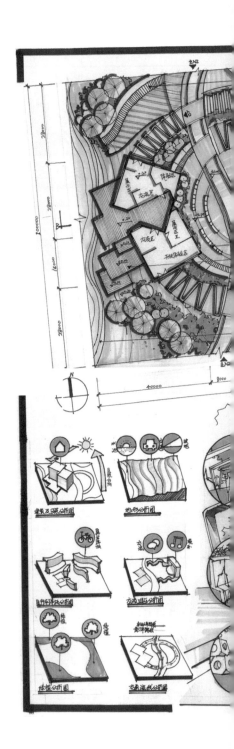

图 8-62　园林景观快题手绘范例（二十九）

CONCLUSION
结束语

《园林景观设计手绘表达与快题基础》这本书从基础到提高，系统性地分析和讲解了园林景观设计快题手绘的思路和学习方法，书中展示了百余张北京地区一类设计院校近几年的高分快题作品，并邀请10位硕士、博士进行专业的评析。在教学过程中，成果是喜人的，学生中不少应届考生以专业前三名的成绩考入了理想中的院校，其中不乏有清华美院、中央美院等国内知名设计院校。

手绘是表达设计思路的一种语言和手段，会因个人的背景和知识构成，表现出来的形式也有所不同。因此，手绘的风格和形式也是具有多样性和差异性的，也正是这种差异性才会使得手绘变得生动、具体。如果哪一天这种差异性没有了，变得千篇一律，则是可悲的。手绘的学习是漫长、无止境的。只有不断地突破，才能取得更优异的成绩。在手绘学习的过程中，我也一直在探索新的方式和语言，也曾遇到过瓶颈，走过弯路。但无论结果如何，学习和探索的过程是有趣和令人难忘的。对于手绘的初学者，我总结了几点学习手绘的思路和方法，未必适用于每个人，但希望能给走在手绘学习之路上的读者们一些参考和经验。

一、正确的方向和适合自己的方法

正确的方向就像灯塔，指明前进的方向。无论路程中遇见什么样的困难和迷惑，正确的方向会让你在手绘的道路上走得更好，更远。在手绘学习的过程中，所谓的正确方向是指：端正手绘的目的，不是为了效果图而画效果图，不是为了表面的技法而学习手绘。要明确手绘效果图不是仅仅对空间的临摹和再现，而是一个展现设计方案和进一步完善设计思路的思考过程，是最终服务于设计本身的一种表现形式和语言。在明确了这样的前提下，手绘的学习过程中不能过多侧重于线条、笔触，以及效果图的训练，而更多应该注重对方案本身的思考过程。

在手绘的学习过程中，层出不穷的手绘学习资料和五花八门的手绘学习方法令初学者眼花缭乱。学习手绘的方法因人而异，并没有优劣好坏之分，但适合自己的方法才是好的方法。鞋合不合适，只有脚知道，手绘的学习方法是否适合自己，只能自己做出判断和选择。每个人的基础和审美不同，绘图习惯也存在很大的差异，不能把某种方法直接拿过来生搬硬套，要结合自己的具体实际，吸收并消化，总结出适合自己的学习方法，来指导手绘的学习，并在学习的过程中，不断检验和完善这套方法。

二、合抱之木，生于毫末；九层之台，起于累土

基础不牢，地动山摇。手绘的学习不是一蹴而就，是一个持续而漫长的过程，不能急于求成，很多初学者在学习手绘的过程中，透视还不理解就开始着急练习线条，线条还没有达到标准就开始上颜色，急于求成往往效果事与愿违。手绘的学习过程中要端正态度，稳扎稳打，一步一个脚印把基础打牢，才能为后期的提高提供可能。本书中的内容，正是按照前后的逻辑关系来写的，前一章的内容是后一章内容的基础和前提，后一章是前一章内容的延续和补充，因此在手绘练习的过程中顺序不能乱。正如对手绘的正确认识和理解是学习手绘的前提，对绘图工具的熟悉和使用是画手绘的基础，线条的训练是画好线稿的基础，线稿又是上颜色的基础。从简到难，环环相扣。哪一部分出现了问题就要在这部分多花费些时间去研究和练习，直到把这部分的问题解决了才能继续往下进行。否则，存在的问题迟早会暴露出来，使学习的进程变慢，甚至走弯路、错路。

功夫的深浅在于内力的深厚。手绘的道路能走多远，很大程度上依赖于基础是否牢靠。对于初学者而言，一定要正视基础的内容，重视基础的内容，花大量的时间去打牢基础。

三、勤能补拙是良训，一分辛苦一分才

"天道酬勤""书山有路勤为径，学海无涯苦作舟"，不难看出都在强调"勤奋"的重要性。自古以来，"勤"就被视为成功的秘诀之一。而对于那些在手绘方面没有天分的人来说，勤奋便是唯一的可以取得成功的法宝。手绘的学习在于每一天的勤奋练习，量变引起质变，数量上的积累必然带来质量上的突破。但每天都能坚持练习手绘并不是一件容易的事情，甚至是枯燥无味的，很多人中途都会放弃，究其原因，是缺乏内心的热爱和兴趣。当你对手绘充满了兴趣，你将会拥有学习手绘的不竭动力。因此在学习手绘的过程中，不仅要勤奋刻苦，持之以恒，更要特别注重培养对手绘的兴趣和热爱。

四、善于总结和思考

手绘是大脑、眼睛和手相互合作来完成的，眼睛将看到的信息传递给大脑，大脑输送信息给手，手将接收到的信息用图示的方式表达出来。对于绝大多数初学者来说，学习和练习手绘时多依赖于眼睛和手上的合作，而忽视了大脑的作用。换言之，绝大多数初学者在练习手绘时，只动手，不动脑，画的时候大脑一片空白，不去思考，知其然不知所以然，久而久之养成了这样的习惯。虽然手头速度和能力有所提高，但大脑的作用却越来越不明显，方案的设计能力也随之下降。对于初学者来说，要善于带着思考和问题去学习手绘，要善于和别人交流，多问别人问题，多问自己问题：问问自己为什么要这样画；没有画好的原因是什么；如何去避免这种情况的发生；带着这些问题去主动思考，并在画的过程中去寻找解决的办法。

曾子曰："吾日三省吾身"，适时的自我总结和反省，能够发现自身存在的问题，从而解决这些问题。手绘学习也是这个道理，对于初学者来说，在练习手绘是会暴露出很多问题，把这些问题在本子或者画面中记录下来，下次再画之前，先看看这些问题，针对这些问题开始新一天的手绘学习，并在练习的过程中，尽量避免同样的错误再次发生。这样，每天都在解决前一天出现的问题，每天都在进步和提高。

学习手绘不仅仅是自己的事情，要善于和别人交流。三人行必有我师，无论别人画的如何，都有你值得学习的地方，去发现别人作品的可取之处，还要善于发现别人作品的问题，并带着这些思考和总结再去开始你的手绘学习，这样你会得到更多的收获。

五、注重个性化的培养

手绘的魅力之处就在与个体间差异性的表现，就在于那种个性化的表达。计算机辅助设计岁可以提高效率，但容易产生"千篇雷同""缺乏个性"的现象。在这个强调个性化的行业中，注重个性化表达是十分必要的。缺乏个性的平庸很难让你脱颖而出，甚至被埋没。手绘也是这样，缺乏个人的风格和个性表达，很难再众多手绘作品中崭露头角。在日常的手绘学习中，要善于打破常规的思维和惯性，要敢于大胆的尝试。建立自己的风格不仅仅要在手绘的表现方面下功夫，如线条、颜色、用笔等都是体现个人特点的地方，更重要的是在手绘的方案设计上体现个人对设计的独特理解，形成自己的风格，使"方案"和"表现"这两方面风格统一起来，使自己的作品能够与众不同，脱颖而出。

六、结合设计实践

手绘最终是为了更好地服务与设计，不能脱离了设计孤立地去谈手绘，否则手绘就失去了实际的意义。毕竟设计手绘不是为了得到一张绘画作品，或者说不是为了得到一张"画"。设计手绘是为了记录设计师对设计的思考过程和对方案的推敲过程，是为了最终设计而服务的。因此，设计手绘应该结合设计的实践去学习和提高，不能纸上谈兵。在设计的过程中去检验手绘，进而反过来促进手绘的学习和提高。对于很多初学者甚至设计师来说，经常习惯于先做设计，后补手绘图，很多时候整个方案的最终效果图都已经出来了，才补画前期的手绘分析图和草图。这样的手绘还有什么意义呢？手绘已经起不到辅助设计的作用，完全是为了手绘而手绘。而回头想想，没有前期的分析和大量的草图，设计方案又是如何才完成的呢？

手绘不是形式主义，画得再好，不能辅助设计也是白费。对于初学者来说，不要被表面的颜色和笔触所迷惑。能否很好地指导和服务设计，才是判断手绘好坏的标准。

致 谢
ACKNOWLEDGEMENT

"设计思维与手绘表达系列"包括《室内设计手绘表达与快题解析》《室内设计快题手绘表达与解析》《展示陈列设计手绘与快速表达》《视觉传达设计考研手绘与快题基础》《视觉传达设计考研真题解析与高分范例》《园林景观设计手绘表达与快题基础》《主题展览展示陈列设计与手绘表达》，陆续规划出版《珠宝首饰设计手绘表达与快题基础》《服装设计手绘表达与快题基础》《工业产品设计手绘表达与快题基础》等系列书籍。其中《园林景观设计手绘表达与快题基础》作为这套系列丛书的第六本，以景观设计、风景园林设计手绘为重点，从设计手绘基础到快题设计基础，由浅入深、循序渐进系统地介绍了园林景观设计思维与手绘表达的学习方法、考研快题手绘绘制要点与技巧，以及优秀快题范例与评析。书中收录了百余幅新蕾艺术学院园林景观教研组老师以及部分学生手绘作品，展示了近5年一类艺术设计院校考研手绘优秀作品。是近几年教学成果的集中展示，专业水准高、针对性强，是景观设计、风景园林设计考研手绘必备书籍之一，也是设计师入职考试"宝典"。

在此，特别感谢陈六汀教授为我作序，陈老师作为我本科阶段环艺专业的启蒙人，对我专业学习和发展起到重要作用。其次，致谢新蕾艺术学院园林景观教研组的各位老师，以及相关专业的各位学生，基于他们的日常教学和实践工作，才有了如此丰硕的成果和骄人的成绩。再次，还要感谢机械工业出版社，感谢他们的高效工作及辛苦付出。最后希望这本书可以在设计思维与手绘表达领域，尤其是考研快题手绘方面给读者带来帮助，为读者在考研之路上指点迷津。不足之处，敬请谅解。书中部分作品有错别字甚至是数学上的错误，这点还请读者在学习过程中一定注意避免，考试时间虽然紧张，但满篇的错误也会影响阅卷人对作品的印象。

园林景观教研组编委：赵育阳、苏春婷、高智勇、王华石、杨莹、张颖婷、李香漫、刘静、王雅诗、赵凝、周蕾、纪亚楠、何苗等。

收录作品名单（排名不分先后）：张颖婷、刘正钰、熊吉璇、陈尧祥、曾志惠、隋欣潼、王学敏、路贵娜等。

注：本书收录的全部作品均来自新蕾艺术考研教师和学生的日常作品，手绘练习过程中不免会参考其他作品，参考的作品版权归原作者所有。并且在整理过程中存在部分作品未署名，无法确定作者信息，以上名单并未包含书中所有作品作者姓名，特此说明，不足之处，敬请谅解。

作者简介
ABOUT AUTHOR

宋 威

硕士毕业于清华大学美术学院环境艺术设计系，清华大学美术学院信息艺术设计系2019级博士，中国人民革命军事博物馆设计美术室设计师、美术师。

第七届世界军人运动会"和平友谊之星"奖牌设计者，参与设计"共和国勋章""国家荣誉称号奖章""七一勋章""八一勋章"。完成"英雄丰碑 不朽史诗"——纪念中国工农红军长征胜利80周年主题展览概念设计、"铭记光辉历史 开创强军伟业"——庆祝中国人民解放军建军90周年主题展览及"铭记伟大胜利 捍卫和平正义"——纪念中国人民志愿军抗美援朝出国作战70周年主题展览、"在党的旗帜下前进"——人民军队庆祝中国共产党成立100周年主题展览设计，中国人民革命军事博物馆公共空间及主题氛围营造概念设计、中国人民革命军事博物馆馆史馆概念设计、国家科技传播中心艺术装置及艺术品整体规划布局等多项重大设计创作任务。

完成国家社会科学基金艺术学重大项目课题研究，国家科技传播中心陈列布展总体概念设计及面向未来科技成果高科技展示技术应用课题研究，曾出版发行《完全手绘表现临本——景观设计快题表现》《室内设计快题手绘表达与解析》《展示陈列设计手绘与快速表达》《室内设计手绘表达与快题解析》。